Die schönste Geschichte des Lebens

Jean-Marie Pelt
Théodore Monod
Marcel Mazoyer
Jacques Girardon

Die schönste Geschichte des Lebens

Von den Geheimnissen der Natur

Aus dem Französischen von Friedel Schröder und Marita Kluxen-Schröder

Gustav Lübbe Verlag

Der Gustav Lübbe Verlag ist ein Imprint
der Verlagsgruppe Lübbe

Übersetzung aus dem Französischen von
Friedel Schröder und Marita Kluxen-Schröder
Titel der französischen Originalausgabe:
La plus belle histoire des plantes
Für die Originalausgabe:

Textredaktion: Dr. Ute Döring
Einbandgestaltung: Guido Klütsch, Köln
Titelbild: *Lithacouras viohli,* Slg. Wulf, Rödelsee.
Aus: Karl Albert Frickhinger,
Die Fossilien von Sonthofen Bd. 2, Goldschneck-Verlag

Satz: Dörlemann Satz, Lemförde
Gesetzt aus der Diotima von Linotype
Druck und Einband: Clausen & Bosse, Leck

Printed in Germany
ISBN 3-7857-2024-6

Sie finden uns im Internet unter:
http://www.luebbe.de

1 3 2

Inhalt

Prolog

Erster Akt:
Die Odyssee der Wildpflanzen

1. Szene: Das Leben im Meer 18
2. Szene: Die Kolonisation der Erde 39
3. Szene: Die großen Erfindungen 55
4. Szene: Die Zeit der Strategien 71
5. Szene: Immer der Sonne nach 95
6. Szene: Wunder der Wüste 105

Zweiter Akt:
Die Invasion des Menschen

1. Szene: Die gezähmte Savanne 116
2. Szene: Die Domestikation der Getreidearten 133
3. Szene: Der eingewanderte Garten 155
4. Szene: Die Geschichte der Rose 180

Dritter Akt:
Die Zukunft der Natur

1. Szene: Die Pflanze als Objekt 196
2. Szene: Die Pflanzen im einundzwanzigsten Jahrhundert 211

Prolog

Dies ist die Geschichte eines Baumes. Er fasziniert uns, aber manchmal verwirrt er uns auch, weil wir bisher nur einen Teil seiner Geheimnisse lüften konnten. Es ist die Geschichte unseres Stammbaums. Seine Wurzeln – damit also auch unsere – reichen hinab in die Ursuppe, in der das erste Leben entstanden ist. Über zwei Milliarden Jahre lang war dieses Leben ausschließlich pflanzlich. Dann hat es eine Mutante hervorgebracht, ein primitives Wesen, das zwar wie alle anderen nur aus einer einzigen Zelle bestand, aber eine Art Mund besaß, mit dem es die Welt verschlingen konnte. Außerdem war es mit einer Geißel ausgerüstet, mit der es sich fortbewegen und jagen konnte. Und so begann das Tierreich, unser Reich.

Der Stammbaum des Lebens teilte sich in zwei Hauptäste: den der Tiere, die gerade entstanden waren und dessen letzter Zweig wir selbst sind, und den der Pflanzen, der sich seinerseits ständig weiter verzweigte.

Das Los der Pflanzen ist kaum begreiflich: Sie liefern den Wesen, die sich von ihnen ernähren, auch noch den Sauerstoff, damit sie atmen können. Von den Fischen über die Vögel und Insekten bis zum Menschen sind alle tierischen Lebensformen von den Pflanzen abhängig. Und das gilt auch für die Fleischfresser, denn deren Beutetiere ernähren sich schließlich wiederum von Kräutern und Körnern.

Die Wissenschaftler, die uns in diesem Buch über einzelne Episoden aus der Geschichte der Pflanzen berichten werden, vermeiden jegliche Sentimentalität und stellen das pflanzliche Leben keineswegs über das tierische. Aber sie weisen immer wieder mit Nachdruck auf die große Bedeutung dieser stillen Welt hin, mit der wir so eng verbunden sind. Die Blumen sprechen unsere Sinne an, die Früchte, Getreide oder Gemüse, die für uns genießbar sind, stellen unsere Nahrung dar. In den Gärten und Wäldern suchen wir unseren Seelenfrieden. Und wenn die Pflanzen sich in ein Produkt verwandeln lassen, verdienen wir sogar noch an ihnen. Die Natur ist für uns ein ästhetisches Erlebnis, ohne Vegetation gäbe es nur eine karge Mondlandschaft.

Da die Pflanzen kein zentrales Nervensystem besitzen, fehlt ihnen die Intelligenz, jedenfalls in der Form, wie wir sie kennen. Und dennoch haben einige Wissenschaftler die Entdeckung gemacht, daß bestimmte Pflanzen miteinander kommunizieren können. Und man weiß inzwischen, daß manche Blütenpflanzen sogar in der Lage sind, Insekten und andere Tiere zu ihrem Nutzen zu manipulieren. Welchen weiten Weg hat die Evolution von der Blaualge bis zur Rose zurückgelegt! Welcher Fortschritt! Und wir sind auch heute noch weit davon entfernt, alle Pflanzen zu kennen. Systematische Untersuchungen der Pflanzenwelt gibt es schließlich erst seit drei Jahrhunderten. Außerdem sind wir selbst erst vor kurzer Zeit auf diesem Planeten erschienen, und unsere begrenzte Lebensdauer bietet uns kaum Gelegenheit, die langsame, aber tiefgreifende Evolution dieser Welt zu verfolgen, die uns so vertraut und gleichzeitig so fremd ist.

Da Pflanzen sich scheinbar nicht von der Stelle rühren – wir werden noch sehen, daß das so nicht stimmt –, haben wir den Eindruck, sie seien unbeweglich. Hundertjährige Eichen, die von hundertjährigen Eichen abstammen und seit Jahrtausenden, seit Jahrmillionen, vielleicht schon immer in der gleichen Region wachsen... Nichts könnte weiter von der Wahrheit entfernt sein. So wie das ganze Universum, dessen Entstehung uns von Hubert Reeves, Joël de Rosnay, Yves Coppens und Dominique Simonnet in »Die schönste Geschichte der Welt« erzählt worden ist (Gustav Lübbe Verlag 1998), entwickelt sich die gesamte Pflanzenwelt immer weiter. Sicher, dies geschieht in einer ganz anderen Zeitspanne, aber die Pflanzenwelt ist erfinderisch, kreativ, sie verändert sich, paßt sich an, entwickelt sich weiter, und manchmal vollziehen sich diese Prozesse sogar schneller als im Tierreich.

Um sich ein besseres Bild von den Zeiträumen machen zu können, um die es hier seit der Entstehung der Pflanzen geht, gibt es ein bereits bewährtes pädagogisches Modell: Man rafft das Alter der Erde, d.h. Milliarden von Jahren, so daß es einen Zeitraum umfaßt, den wir uns besser vorstellen können. Jetzt, zu Beginn des einundzwanzigsten Jahrhunderts, verkürzen wir die vier Milliarden Jahre, die unsere Erde alt ist, auf die hundert Jahre des zwanzigsten Jahrhunderts. Wir tun also so, als wäre unser Planet am 1. Januar 1900 geboren worden. In diesem Zeitmodell wäre das Leben 1923 entstanden. Natürlich rein pflanzlich und extrem primitiv. Diese ersten einzelligen Algen – eigentlich Bakterien – sind noch nicht mit einem Zellkern ausgestattet, der entwickelt sich erst 1986! Und erst im Jahre 1991 verlassen die Pflanzen das Meer und wurzeln in der Erde. Dann beschleunigen sich die Prozesse: 1994 beginnen die Koniferen zu wachsen. Die Säugetiere erscheinen 1996, gefolgt von den Blütenpflanzen im Jahre 1998. Die ersten Affen tauchen im Juli 1999 auf; die Epoche des *Homo sapiens* beginnt sechs Monate später, und zwar am 31. Dezember 1999, am späten Nachmittag. Am gleichen Tag, am Silvesterabend 1999 um 22.04 Uhr, also eine Stunde und sechsundfünfzig Minuten vor Mitternacht, entdecken die Menschen der Jungsteinzeit den Ackerbau.

JEAN-MARIE PELT berichtet uns von dem erstaunlichen Abenteuer der wildwachsenden Pflanzen, die die Welt erobert haben. Er ist emeritierter Professor für Botanik und Pharmazeutische Biologie an der Universität von Metz und Leiter des »Institut européen d'écologie«. Gleichzeitig ist er einer der letzten wahren Botaniker Frankreichs, in einer Zeit, in der diese Disziplin zugunsten einer alles umfassenden Biologie in sträflicher Weise vernachlässigt wird, weil deren Forscher mitunter das Wesentliche aus den Augen verlieren und vergessen, daß das Leben sich nicht nur auf Genkombinationen reduzieren läßt. Im Laufe seines Berufslebens hat Jean-Marie Pelt zahlreiche Bücher geschrieben, darunter »L'Homme renaturé« (Der renaturierte Mensch), und hat den Grand Prix der Leserinnen der Zeitschrift »Elle« erhalten. Sein Film »L'Aventure des plantes« (Das Abenteuer der Pflanzen) wurde mit dem »Sept d'or« als bester Dokumentarfilm ausgezeichnet. Er hat darüber hinaus etwa hundert wissenschaftliche Arbeiten veröffentlicht. Da er die Pflanzen so beobachtet hat wie ein Astronom die Sterne, hat er sich immer wieder die Frage nach dem Universum, dem Sein, der Wissenschaft und nach dem Glauben gestellt. Wie alle wirklich neugierigen Menschen ist er außerordentlich begeisterungsfähig und mitunter auch rebellisch. Der Humanist und auch der Wissenschaftler in ihm lehnen sich gelegentlich temperamentvoll gegen diejenigen auf, die glauben, sie hätten alles Lebendige gepachtet, und die uns alle aus reiner Profitgier in Gefahr bringen, indem sie unser genetisches Erbe manipulieren.

Vor etwa 10000 Jahren begann mit der Einführung des Ackerbaus eine neue Phase im Leben der Pflanzen. Dieser Eingriff des Menschen in den Evolutionsprozeß stellt eine der größten Umwälzungen in der Geschichte der Lebewesen dar, vergleichbar mit der Beherrschung des Feuers und der Erfindung der Schrift.

Als man begann, die Pflanzen zu kultivieren, wurden sie Schritt für Schritt selektioniert und modifiziert, bis manche Nutzpflanzen schließlich keine Ähnlichkeit mehr mit ihrer Ursprungsart hatten. Und sie reisten mit den Menschen, paßten sich an andere klimatische Verhältnisse an und eroberten neue Verbreitungsgebiete. Die Menschheit verdankt es der Landwirtschaft, daß sie selbst so schnell wachsen konnte. Wegen der ständig zunehmenden Zahl der Menschen wurden Wälder abgeholzt, und die landwirtschaftlich genutzten Flächen dehnten sich immer weiter aus. Die gesamte Erde wurde kolonisiert. Von dieser Zeit an sind die Abenteuer der Pflanzen eng mit denen der Menschen verbunden, die versuchen, ihnen ihre Gesetze aufzuzwingen. Man brennt die üppigen Tropenwälder nieder, um ein paar Kühe mehr weiden zu lassen. Man führt einen chemischen Krieg gegen das sogenannte Unkraut, man dopt Früchte und Gemüse. Man päppelt das Getreide so sehr auf, daß es einem Bauern aus dem Mittelalter die Sprache verschlagen würde, wenn er eines jener Weizenfelder sehen könnte, die wir heute in unseren hochentwickelten Ländern finden. Man produziert so viel, daß man die gesamte Erdbevölkerung ernähren könnte, aber aus Gründen der Rentabilität tut man es dann doch nicht. Die Evolution der Pflanzen hängt seitdem vom Handeln des Menschen ab. Die Gesetze der Natur wurden durch die des Marktes verdrängt.

Wenn MARCEL MAZOYER über Kulturpflanzen spricht, erwähnt er dabei auch seine Heimat Morvan, obwohl er Probleme der landwirtschaftlichen Entwicklung in über zwanzig verschiedenen Ländern studiert hat. Auf den Feldern und in den Wäldern seiner Kindheit hat er mehr gelernt als in allen Schulen. Er ist Agronom, Ingenieur für Forst- und Wasserwirtschaft und als Nachfolger von René Dumont Inhaber des Lehrstuhls für Vergleichende Agrikultur und landwirtschaftliche Entwicklung. Er hat gerade ein Buch mit dem Titel »Histoire des agricultures du monde« (Weltgeschichte der Agrikultur) veröffentlicht und weiß unerschöpflich von den Getreide- und Gemüsearten zu erzählen. Aber ihn interessiert nicht nur die Pflanze selbst, sondern auch derjenige, der sie züchtet: Für ihn ist der Bauer solange der beste Hüter des Lebens und der Landschaft, wie man ihn nicht dazu zwingt, ständig mehr zu erzeugen, ganz gleich was und auf welche Art und Weise.

Man muß jedoch auch über die Gefahren sprechen. Über die Erde, die verschwindet und den nackten Felsen bloßlegt. Über den Sand, der sich durch den Wind immer weiter ausbreitet und alles zudeckt. Über bestimmte Pflanzen, die versuchen, mit der immer schlimmer werdenden Trockenheit fertig zu werden, und schließlich doch verdorren, während sie vergeblich auf Regen warten. Bevor sich die Algen aus dem Meer befreit haben, war die Erde trostlos. Es gab nichts als nackte Steine. Dann haben die Pflanzen sie mit einem grünen Mantel überzogen und schließlich den Humus gebildet. Das alles hat Millionen Jahre gedauert. Heute haben die Klimaveränderungen, vor allem aber die brutalen Eingriffe der inzwischen viel zu zahlreich gewordenen Menschen, zur Folge, daß sich die Entwicklung ins Gegenteil verkehrt: Die Wüsten breiten sich in beunruhigender Weise immer weiter aus.

THÉODORE MONOD, der Wüstenspezialist, weist immer wieder darauf hin, wie wichtig es ist, Ehrfurcht vor dem Leben zu haben. Er ist 1902 geboren und kämpft auch heute noch für eine kleine verlorene Blume, die er 1940 entdeckt hat. Wenn man ihn treffen will, muß man sich zur Küste Mauretaniens, in die Libysche Wüste, nach Tibesti irgendwo im Herzen der Sahara begeben, wo er trotz seines hohen Alters jedes Jahr an mehreren Expeditionen teilnimmt. Wenn man soviel Glück hat wie wir, kann man ihm ein paar Stunden stehlen, während er gerade einmal im Museum ist. Im botanischen Garten hat er als Kind seine Berufung als Naturforscher entdeckt. Dieser Ort ist sein Basislager geblieben. Als Botaniker, Zoologe, Geologe, Archäologe und Anthropologe duldet er keine Grenzen zwischen den Disziplinen. Die Charakterstärke dieses kleinen, zerbrechlichen Mannes ist beeindruckend. Théodore Monod ist ein lebender Mythos. Er ist Mitglied des »Institut des sciences« und der »Académie de marine«, der »Académie des sciences d'outre mer« sowie der belgischen, portugiesischen, englischen und amerikanischen Akademie der Wissenschaften. Eigentlich könnte er sich seinen wohlverdienten Ruhestand gönnen und sich auf seinen Lorbeeren ausruhen. Aber dieser nachdenkliche Abenteurer zieht auch heute noch mit ungetrübter Begeisterung durch die Wüste, auch wenn er voller Trauer feststellen muß, daß der Mensch in vieler Hinsicht noch immer ein Primat ist, der den Planeten verwüstet.

Die Geschichte der Pflanzen hat lange vor unserer eigenen Geschichte begonnen und ist glücklicherweise noch nicht an ihrem Ende angelangt. Man muß nur einmal beobachten, mit welcher Geschwindigkeit die Natur jedes brachliegende Fleckchen Erde wieder in Besitz nimmt, wie die Gräser selbst in den kleinsten Spalt hineinwachsen und den Beton aufbrechen. Wie innerhalb eines Palisadenzauns, der einige Monate lang in einer Stadt steht, plötzlich Kanadisches Berufkraut sprießt, das den Asphalt sprengt, um dem Schmetterlingsstrauch oder Sommerflieder die Möglichkeit zu geben, sich hier anzusiedeln und seine lila Blüten zu entwickeln. Nachdem der Bürgerkrieg im Libanon zu Ende war, bildete die Rue de Damas mitten in Beirut die Grenze zwischen den beiden Lagern und entwickelte sich schnell zu einem wahren Dschungel. Pflanzen sind stark wie das Leben und in der Lage, Strategien zu entwickeln, zusammenzuarbeiten und mehr Moleküle zu erfinden als unsere gesamte Chemie. Trotzdem verschwinden jedes Jahr bestimmte Arten für immer. Natürlich sterben nicht alle aus, aber der Erde droht dessenungeachtet eine große Verarmung der Flora, die wiederum die Tierarten bedroht. Und wir selbst haben sie vom Zaun gebrochen. Es ist deshalb an der Zeit, daß Leute wie Jean-Marie Pelt, Marcel Mazoyer und Théodore Monod, jeder auf seine Art, einen neuen universellen Kodex der Ehrfurcht vor dem Leben verkünden. Er muß für alle Lebensformen gelten, denn ohne sie hat die Menschheit kaum eine Zukunft.

JACQUES GIRARDON

Erster Akt

Die Odyssee der Wildpflanzen

1. Szene: Das Leben im Meer

Peng! Ein großer Knall – und das Universum ist geboren. Später entstehen die Sonne und ihre Planeten. Nach einer Milliarde schrecklicher Jahre beruhigt sich die Situation allmählich: Die Erde kühlt sich ab, die Vulkantätigkeit läßt nach, die Kometeneinschläge werden nach und nach von einem dicken, grauen Gasmantel gebremst. In den dunklen Tiefen des Wassers, das unseren Planeten bedeckt, werden seltsame winzige Lebewesen geboren: unsere Vorfahren.

EINE KLEINE GRÜNE BAKTERIE

– JACQUES GIRARDON: *Es gibt da diesen Kalauer: »Woher kommt der Mensch? – Vom Affen. – Und woher kommt der Affe? – Vom Baum!« In diesem Witz steckt aber ein wahrer Kern … Stammen wir tatsächlich ursprünglich von den Pflanzen ab?*

– JEAN-MARIE PELT: Ja, von den Pflanzen, wenn auch nicht von den Bäumen … Die Welt der Tiere, deren jüngste Repräsentanten wir selbst sind, hat sich lange vor der Entstehung der Bäume von der Pflanzenwelt getrennt; in der Zeit davor gab es Leben nur im Wasser.

– *Begann die Geschichte der belebten Welt lange nach der Entstehung der Erde?*

– Nein. In der ersten Milliarde Jahre war die Evolution rein chemischer Natur, aber diese Zeit umfaßt nicht einmal ein Viertel der Geschichte unserer Erde. Sehr bald, vor etwa dreieinhalb Milliarden Jahren, entstand im Urozean das erste Leben. Es stimmt allerdings auch, daß uns die ältesten Fossilien, die man erst kürzlich in Australien und Südafrika gefunden hat, noch einige Rätsel aufgeben. Es handelt sich dabei um Lebewesen, die zwar wie Bakterien aussehen, aber Chlorophyll enthalten.

– Gehören die Bakterien zur Pflanzen- oder zur Tierwelt?

– Weder zur einen noch zur anderen. Sie bilden ein eigenes Reich. Ein pflanzliches Wesen ist leicht zu definieren: Es enthält Chlorophyll. Wenn man das nicht vorfindet, bedeutet es jedoch noch nicht, daß man es zwangsläufig mit einem tierischen Lebewesen zu tun hat. Die Pilze enthalten zum Beispiel kein Chlorophyll und sind trotzdem keine Tiere. Das Reich der Bakterien ist etwas ganz Spezifisches. Sie sind quasi unvollständige Lebewesen, weil sie keinen Zellkern besitzen. Und ihre Zellen sind kleiner als die der entwickelten Organismen.

– Sie haben sich also nicht weiterentwickelt? Haben keine Nachfahren?

– Sie sind einfach hartnäckig Bakterien geblieben. Das ist auch eines der Rätsel der Evolution, die für viele Menschen nur Fortschritt und ständige Verbesserung bedeutet. Trotzdem gibt es Lebewesen, die durchaus funktionieren, ohne sich wesentlich weiterzuentwickeln. Das ist zum Beispiel bei diesen Mikroben der Fall, die auch nach dreieinhalb Milliarden Jahren immer noch gleich aussehen.

– Die Pflanzen stammen also nicht von den Bakterien ab, sondern von einem ihrer Vorfahren, der Chlorophyll enthielt?

– Heidegger hat gesagt, daß die Ursprünge sich unter den Anfängen verbergen. Das heißt, daß ein Phänomen erst einmal existieren muß, bevor man es nachweisen kann. Man kann daher auch nicht mit Sicherheit sagen, ob das älteste Fossil, das man gefunden hat, das der ersten Kreatur ist. Niemand wird je den Abdruck der Zelle finden, die als erste das Chlorophyll gebunden hat.

DIE ERFINDUNG DES MUNDES

– Aber es geht dabei doch auch um unseren eigenen Vorfahren! Von wem oder von was stammen wir denn ab?

– Unser Urahne war möglicherweise eine Alge, die zur Gruppe der *Dinoflagellaten*, der Panzeralgen oder Panzergeißler, gehört.

– Wie sah die aus, wo lebte sie? Wie konnte aus ihr die gesamte Tierwelt entstehen?

– Damals lebte im Meer eine mikroskopisch kleine Alge, eine typische pflanzliche Zelle. Sie enthielt Chlorophyll, mit dem sie Photosynthese betrieb; sie verwandelte also mit Hilfe der Sonnenenergie Kohlendioxid und Wasser in Zucker, der sich an ihrer ziemlich dicken und harten Zellwand aus Zellulose festsetzte. Ich wiederhole noch einmal: Das war eine typische pflanzliche Zelle. Um sich fortpflanzen zu können, sonderte diese Alge, die man heute *Cystodinium* nennt, eine kleine, spezialisierte Zelle ab: Eine Spore, die sich mit Hilfe einer Geißel im Wasser fortbewegen konnte.

– Läßt sich das alles aus den Fossilien ableiten?

– Vor allem aus der direkten Beobachtung dieser kleinen Alge, sie existiert nämlich immer noch! Deshalb kann man auch heute noch sehen, daß die Spore in bestimmten Fällen nie erwachsen wird. Mit ihrem Chlorophyll bildet sie zwar eine kleine Menge Stärke, aber sie entwickelt keine dicke Membran und verliert auch nicht ihre Geißel. Wenn eine solche Alge dagegen herangereift ist, verliert sie wie alle anderen Pflanzen ihre Beweglichkeit. Außerdem besitzt diese Spore, die man *Peridinium* nennt, eine Furche, eine Art »Mund«.

– *Einen Mund? Und wozu dient der?*

– Er dient noch keinem Zweck. Man kann einfach nur eine Spore sehen, die nicht erwachsen geworden ist. Mit ihrer Geißel kann sie wie ein Tier durchs Meer schwimmen, und mit ihrem bizarren falschen Maul und wegen ihrer Beweglichkeit sieht sie auch so aus ...

– *Und dieses Lebewesen gibt es heute immer noch?*

– Ja, und es gibt sogar noch ein drittes, außerordentlich seltsames Wesen, das man *Gymnodinium* nennt. Es ist die gleiche Spore mit der gleichen Geißel, dem gleichen Mund ... Aber sie besitzt kein Chlorophyll mehr. Sie hat also nicht mehr die Fähigkeit zur Photosynthese. Sie hat keine Möglichkeit, Zucker zu produzieren. Diese Zelle ist also gezwungen, sich von fester Beute zu ernähren, die sie außerhalb ihrer selbst findet. Sie frißt ... Dieses seltsame Maul, das wir bereits bei der zweiten Spore kennengelernt haben, hat sich in einen echten Mund verwandelt, der die gleiche Funktion hat wie bei einem Tier.

– *Vorher war es also nur der Traum von einem Mund ...*

– Ein Traum von einem Organ, das dann wirklich eine echte Funktion bekommen hat. Und in diesem dritten Fall haben wir uns schließlich ins Reich der Tiere begeben. Diese bewegliche Spore, die kein Chlorophyll mehr besitzt, aber einen Mund, dieser begeißelte Einzeller ist vielleicht das erste tierische Lebewesen. Die drei verschiedenen Lebensformen sind jedoch nicht weit voneinander entfernt. Man kann hier also einen Übergang vom pflanzlichen zum tierischen Sein beobachten.

– Und diese Mundöffnung ermöglicht es diesem tierischen Wesen, andere Lebensformen zu verschlingen, statt sich von Licht und klarem Wasser zu ernähren. Ist das auch heute noch genauso bei den Dinoflagellaten?

– Aber sicher: Diese drei Stadien sind erhalten geblieben.

– Ja, man findet tatsächlich auch heute noch zwischen dem Pflanzlichen und dem Tierischen bizarre Lebensformen, so zum Beispiel den Schwamm …

– Der Schwamm ist eindeutig ein Tier. Es handelt sich dabei allerdings um den primitivsten Vielzeller, der nicht einmal ein echter Organismus ist, sondern nur aus einer nicht spezialisierten Zellkolonie besteht. Man darf ihn jedoch in keinem Fall zu den pflanzlichen Lebewesen zählen.

– Aber hier in Frankreich bietet man in den Geschäften Naturschwämme als »garantiert pflanzlich« an …

– Das ist ein Irrtum. Vielleicht eine bewußte Irreführung: Wer weiß, vielleicht wären die Leute schockiert, wenn sie wüßten, daß sie sich mit einem Tier abseifen …

– Kommen wir auf unseren ersten Entwurf eines Tieres, auf das Gymnodinium, zurück. Es ließ ziemlich lange auf sich warten. Es erscheint zu einer Zeit, als die großen Schritte in der

Entwicklung bereits vollzogen waren. Die Sexualität war von den Algen schon lange Zeit vorher erfunden worden.

– Sicher. Die Lebewesen, von denen wir sprechen, sind längst echte Zellen mit einem Zellkern. Bereits weiterentwickelte Algen. Vorher gab es schon Lebewesen ohne Zellkern und ohne Sexualität. Sie tauschten die Chromosomen durch einfachen Kontakt aus. Es gab keinen Unterschied zwischen männlichen und weiblichen Lebewesen. Das war die archaische Welt der Bakterien ...

DIE BLAUALGE

– Diese unsterblichen Bakterien! Immer wieder vermehrt sich ein und dieselbe, denn der Tod wurde erst mit der Sexualität eingeführt. Die Art überlebt, aber das Individuum muß sterben.

– So ist es. Sich ungeschlechtlich fortpflanzende Zellen sind dagegen unsterblich. Jede einzelne teilt sich in zwei gleiche Tochterzellen, und so geht das immer weiter ... Das ist die Art und Weise, wie sich die Blaualgen fortpflanzen. Wissenschaftlich korrekt heißen sie heute Blaugrüne Bakterien oder Cyanobakterien, denn es sind in Wirklichkeit chlorophyllhaltige Bakterien. Anders als die Dinoflagellaten besitzen sie also noch die urtümlichen Zellen ohne Zellkern.

– Und diese sogenannte Blaualge ist die kleine grüne Bakterie, über die wir zu Beginn gesprochen haben, die erste Pflanze?

– Genau. Pflanze in dem Sinn, daß sie chlorophyllhaltig ist. Sie ist zweifellos die Vorläuferin der

Bakterien, die kein Chlorophyll enthalten. Man muß jedoch zugeben, daß wir über diese Vorgänge vor dreieinhalb Milliarden Jahren keine sehr genauen Informationen haben. Sicher ist nur, daß die Blaualgen sehr alt sind und in den ersten zwei Milliarden Jahren der Geschichte des Lebens dominiert haben.

AM ANFANG WAR DER ZUCKER

– *Und was war davor?*

– Es gab zweifellos schon damals ein sehr archaisches System der Umwandlung der Zuckerarten: die Gärung, durch die Alkohol und Kohlendioxid erzeugt werden. Schauen wir uns einmal ein Faß mit Pflaumen an. An seiner Oberfläche bildet sich Schaum. Das ist das frei werdende Kohlendioxid. Und dazu ist Zucker nötig.

– *Und dieser Zucker wird unter Mithilfe des Chlorophylls erzeugt …*

– Nicht ausschließlich. Man weiß heute, daß der Zucker sich in der Uratmosphäre spontan gebildet hat.

– *Es stimmt also, daß man im Weltraum Zuckermoleküle gefunden hat?*

– Ja. Man hat etwa siebzig verschiedene organische Moleküle entdeckt, die von den Sternen gebildet worden sind … Das heißt, daß diese Zucker des präbiotischen Lebens von den Bakterien konsumiert werden konnten, die kein Chlorophyll enthielten. Aber sie haben diese Quelle erschöpft, denn sie haben mehr Zucker verbraucht, als produziert wurde. Daraufhin haben die Pflanzen die intensive Zuckerproduktion mit Hilfe der Photosynthese erfunden ...

– *Kehren wir noch einmal zum Anfang zurück ...*

– Man kann sich folgendes Szenario vorstellen: Anaerobe Bakterien, die, wie ihr aus dem Griechischen stammender Name sagt, ohne Sauerstoff leben können, ernähren sich vom Zucker der Ursuppe durch Gärungsprozesse. Sie wandeln diese Zucker in Kohlendioxid und Alkohol um. Heutzutage leistet die Hefe diese archaische Arbeit, zum Beispiel in dem Faß mit den Pflaumen, über das wir eben gesprochen haben. Nach verschiedenen Mutationen ist eine dieser Bakterien so perfekt, daß sie mit Hilfe des Chlorophylls Kohlendioxid konsumieren und Zucker bilden kann. Kurz, sie erfindet die Photosynthese. Nun entsteht dabei aber ein Abfallprodukt: Sauerstoff, der sich im Wasser des Meeres und in der Atmosphäre ansammelt. Noch später – alle diese Prozesse dauern Hunderte von Millionen Jahren – mutieren wiederum bestimmte Zellen, verlieren ihr Chlorophyll und konsumieren schließlich den Sauerstoff, der inzwischen im Überfluß vorhanden ist. Sie erfinden die Atmung.

– *Das heißt, daß das Leben aus dem Zucker entstanden ist?*

– Richtig. Es handelt sich allerdings nicht um süßen Zucker, sondern um Kohlenhydrate wie Stärke oder Zellulose ...

– *Es ist also im Zucker entstanden, aber auch im Nebulösen. Das Leben verbirgt sich, um geboren zu werden. Aber später sieht man wieder besser, wie alles passieren konnte.*

– Es gibt in diesem Fall keine absolute Sicherheit. Wir versuchen, die Elemente, die uns zur Verfügung stehen, in einen logischen Zusammenhang zu bringen. In der Wissenschaft nennt man so etwas eine Theorie.

– *Trotzdem: Je älter die Welt wird, desto mehr Informationen stehen uns doch zur Verfügung …*

– Das ist richtig. Man weiß heute bereits, daß die Blaualgen etwas Geniales erfunden haben: die Photosynthese. Und daß ihnen diese Entdeckung sehr viele Vorteile gebracht hat. Während des gesamten Präkambriums, das heißt, in den zwei Milliarden Jahren, die der ersten Milliarde Jahre der Geschichte unseres Planeten folgten, haben sie viele Spuren hinterlassen. Ihr intensiver Stoffwechsel hat Kalk gebunden und die Ablagerungen gebildet, aus denen die Sedimente am Grund des Ozeans bestehen.

– *Gibt es heute noch Blaualgen?*

– Aber sicher. Und sie bilden immer noch mehr Kalkkonkretionen.

– *Sind sie im Plankton enthalten?*

– Sie sind unter vielen anderen Komponenten ein Bestandteil des Planktons, aber es gibt noch andere Blaualgen außerhalb des Planktons. Man findet sie auf dem Land … Es sind Blaualgen, die das Meer verlassen haben, die »auf die Reise gegangen sind«, wenn ich das einmal so ausdrücken darf.

– *Ich dachte, die Grünalgen hätten das Meer verlassen …*

– Genau. Aber aus den Grünalgen, die das Wasser verlassen haben, hat sich im Laufe der Zeit die ganze vielfältige Vegetation der Erde entwickelt. Dagegen sind die Blaualgen – die ja eigentlich Bakterien sind – auch auf dem festen Boden Blaualgen geblieben. Man erkennt sie nicht immer wieder, aber Sie sind ihnen bestimmt schon einmal begegnet. Es sind grünliche Flecken, die an etwas Ausgespucktes erinnern. Man findet sie gelegentlich auf Steinplatten im Garten, wenn es sehr feucht ist. Es sind Zellkolonien, die eng miteinander verbunden sind. Sie ähneln einem Organismus, sind aber keiner. Es gibt keinerlei Arbeitsteilung, keine Spezialisierung der Zellen; sie kleben einfach nur aneinander. Nur wegen ihrer großen Menge sind diese Anhäufungen sichtbar, denn die Blaualge ist, wie bereits erwähnt, mikroskopisch klein. Sie hat die Größe jeder anderen Bakterie. Wenn Sie also einen solchen Flecken entdecken, können Sie sich diese uralte Welt vorstellen, in der die Einzelwesen mit bloßem Auge überhaupt nicht zu erkennen waren.

– Das ist ja erstaunlich. Da müssen Physiker riesige und ungeheuer raffinierte Apparaturen konstruieren, um Elementarteilchen zu zertrümmern und zu verstehen, woraus die Materie besteht. Die Astrophysiker brauchen überstarke Teleskope und Satelliten, um das Universum zu sehen und sich vorzustellen, wie es entstanden sein könnte. Wenn es aber um den Ursprung der Pflanzenwelt – oder auch der Tierwelt – geht, muß man nur mit offenen Augen durch den Garten spazieren.

– Ja. Immer, wenn ich in einem Garten einen Flecken Blaualgen finde, sehe ich den Ursprung des Lebens vor mir.

– Und wir alle stammen von diesen Blaualgen ab. Oder, genauer gesagt, von einer Blaualge, die den heute noch zu findenden ähnelt, die mutiert ist und sich von den anderen abgesetzt hat…

– Das ist zumindest sehr wahrscheinlich.

DAS RÄTSEL DES ZELLKERNS

– *Also, was ist zwischen ihr und uns passiert?*

– Das ist ein Rätsel. Das dritte im Hinblick auf den Ursprung des Lebens. Es gibt nämlich drei. Am Anfang war der Urknall, die Entstehung der Welt und dann unserer Erde ... Die erste Milliarde Jahre ist die Zeit der präbiotischen Chemie ... Die Entstehung des Lebens gibt uns das erste Rätsel auf. Wenn es auch nicht mehr ganz so rätselhaft ist, weil es uns inzwischen gelungen ist, einige Moleküle, die Bausteine der Lebewesen sind, im Labor herzustellen, indem wir die Uratmosphäre der Erde reproduziert haben. Dann das zweite Rätsel: Man weiß nicht genau, wie und in welchem Augenblick das erste Chlorophyll in eine Zelle eingelagert wurde. Und das wird man wohl auch nie erfahren. Das dritte Rätsel bezieht sich auf den Übergang von der Blaualge ohne Zellkern zur ersten pflanzlichen Zelle mit Zellkern drei Milliarden Jahre nach der Entstehung der Erde – oder, um die wissenschaftlichen Bezeichnungen zu gebrauchen, auf den Übergang von den Prokaryoten zu den Eukaryoten. Die Entstehung des Lebens hat nur eine Milliarde Jahre gedauert. Doppelt soviel wurde für die Anordnung der Chromosomen in Zellkernen benötigt!

– *Zwei Milliarden Jahre ohne nennenswerte Evolution, das ist ja eine Ewigkeit. Warum hat sich dieses primitive Leben, das so statisch zu sein schien, dann plötzlich auf den Weg gemacht, um sich zu vervollkommnen, Zellverbände zu schaffen, also sich in jeder Beziehung in immer schnellerem Tempo weiterzuentwickeln?*

– Darüber wissen wir nichts. Und man weiß auch nicht, wie sich der Zellkern gebildet hat. Es gibt noch keine Theorie, die das befriedigend erklären kann. Nicht einmal eine Hypothese. Einige Biologen, wie etwa die Amerikanerin Lynn Margulis, denken an eine Bakterie, die sich in einer Art Übergangsphase sehr stark entwickelt hat und dann nicht mehr in der Lage war, ihre Gene mit den anderen auszutauschen, weil sie über die gesamte Masse der Zelle verteilt waren... Sie haben sich dann im Zentrum neu gruppiert... Aber wenn man ehrlich ist, muß man ganz klar zugeben: Zur Zeit wissen wir nicht, wie sich das wirklich abgespielt hat. Man weiß nur, daß vor eineinhalb Milliarden Jahren Zellen entstanden sind, die einen Kern besaßen, während es zuvor zwei Milliarden Jahre lang nur zellkernlose Blaualgen gegeben hat.

– Kann man den Zellkern für die Epoche der Blaualgen nur bisher nicht nachweisen, oder ist er wirklich erst vor eineinhalb Milliarden Jahren entstanden?

– Wir können ihn zu diesem Zeitpunkt erstmals nachweisen.

– Es könnten theoretisch also schon viel früher Zellen mit einem Kern in einer Übergangsform existiert haben, die dann später wieder verschwunden sind, nachdem sich daraus die konkurrenzkräftigeren Zellen entwickelt hatten, die wir kennen?

– Vielleicht. So etwas kommt sehr häufig vor. Die Lebewesen, die überleben oder Spuren hinterlassen haben, waren die leistungsfähigsten. Wenn man ein Fossil findet, haben sich wahrscheinlich vorher schon tausend verschiedene Dinge zugetragen, von denen wir nie etwas erfahren werden. Die

Prototypen sind mit Sicherheit verschwunden, nur die große Serienproduktion hinterläßt ihre Spuren.

– *Und eines Tages erschien eine ganz große Zelle ...*

– ... in deren Mitte alle Chromosomen angeordnet waren und einen Kern bildeten, den eine Membran umgab. Diese Anordnung gestattete jedoch weder die Übertragung noch die Aufnahme von Erbinformationen durch einfachen Kontakt. Der freie Markt der Gene – um einen Ausdruck aus der Wirtschaft zu gebrauchen – funktionierte nicht mehr. Der Austausch von Informationen zwischen den großen Zellen, die einen Kern besaßen, wurde unmöglich. Als Ausweg fanden sie die Sexualität, die seitdem dafür sorgt, daß die Gene von Generation zu Generation neu durchmischt werden.

DIE ZELLEN ORGANISIEREN SICH

– *Sexualität und Zellkern sind also auf eine rätselhafte Weise gemeinsam eingeführt worden.*

– Genau. Und zwar wurden sie wie immer durch Zufall erfunden und ausgelesen. Und es ist noch etwas Erstaunliches passiert: Man hat festgestellt, daß die große Zelle, die einen Kern besaß und bereits ein ziemlich komplexer Organismus war, Blaualgen gefangen hat! Sie hat sie aufgenommen, um daraus Chloroplasten zu bilden, also den Teil der pflanzlichen Zelle, der für die Photosynthese verantwortlich ist. Die Blaualgen wurden also in einen komplexeren Verband integriert ... Und daran kann man erkennen, wie viele Phänomene der Symbiose, die von den Biologen kaum beachtet worden sind, in bestimmten Phasen der Evolution eine entscheidende Rolle gespielt haben.

– *Die Zelle hat Blaualgen eingefangen, weil die in der Lage waren, die Photosynthese durchzuführen? Sie hat sie sich also gewissermaßen »einverleibt« und sie damit gezwungen, für ihren Lebensunterhalt zu arbeiten…*

– Ja. Und in dieser Zeit wurde auch ein bedeutend höheres Organisationsniveau erreicht, die Chromosomen hatten sich im Kern neu geordnet und waren durch eine Membran geschützt. Und rundherum befand sich das Zytoplasma, in dem aus Kohlendioxid, Wasser und Licht die Zucker produziert wurden. Die Zelle erinnerte bereits damals an eine kleine Fabrik. Die Bakterie war dagegen bedeutend weniger organisiert, in ihr war alles vermischt und austauschbar.

– *Das Ganze passierte also vor etwa eineinhalb Milliarden Jahren. Wann hat die Pflanzenwelt die Tierwelt erfunden? Und wann kam es zu der Abzweigung, zu dem berühmten Mund?*

– Darüber können wir überhaupt nichts sagen. Man weiß nur durch den Vergleich der Formen, daß stammesgeschichtlich sehr alte Lebewesen, die sich bis zum heutigen Tag erhalten haben – die Dinoflagellaten, über die wir vorhin gesprochen haben –, von der Pflanze zum Tier übergegangen sind. Das ist alles.

– *Ich will meine Frage einmal anders formulieren: Von welcher Zeit an findet man die erste Spur von Lebewesen, die weder auf Gärungsprozesse noch auf Photosynthese angewiesen waren?*

– Es sieht so aus, als ob die Zelle mit Kern und die Sexualität etwa zur gleichen Zeit aufgetaucht sind.

– *Vor eineinhalb Milliarden Jahren müssen ja enorm viele außergewöhnliche Dinge passiert sein.*

– Ja, eine entscheidende Schwelle wurde damals überschritten. Darüber hinaus tauchte in der gleichen Periode ein weiteres entscheidendes Phänomen auf: die Organisation der Vielzeller. Seit Zellen mit einem Kern existierten, haben sie miteinander kooperiert. Sie haben sich neu gruppiert, aber nicht durch bloßes Aneinanderlegen wie die Blaualgenkolonien, sondern indem sie sich spezialisiert haben. Sie haben sozusagen die Arbeitsteilung erfunden, vor allem aber die Vorstellung, daß es ein Außen gibt, das der Umwelt ausgesetzt ist, und ein Innen, das geschützt werden muß. Jede Zelle, die sich spezialisierte, mußte dabei Opfer bringen und wurde von den anderen abhängig. Die in der Mitte bekamen kein Licht mehr, konnten folglich nicht mehr die Photosynthese sichern und mußten von den Zellen, die sich an der Peripherie befanden, ernährt werden. Aber sie bildeten das Skelett, das für den Aufbau der großen vielzelligen Algen notwendig war, die man an den Küsten findet. Außerdem konnten sich nicht alle Zellen teilen, denn sonst hätte die Pflanze eine chaotische Form bekommen, mit der sie nicht hätte überleben können. Bei den Grünalgen besitzen zum Beispiel nur bestimmte spezialisierte Zellen an der Außenseite der Fäden die Fähigkeit, sich zu teilen, wodurch ein Längenwachstum ermöglicht wird.

DAS MEER GIBT DEM HIMMEL SEINE FARBE

– *Wie sah unser Planet zur Zeit dieser großen Umwälzungen aus?*

– Wir befinden uns noch immer im Präkambrium, dem ersten geologischen Zeitalter, aber die Entgasung der Erde war beendet, die Atmosphäre hatte sich verändert. Die Blaualgen hatten sich mit ihrer Sauerstoffproduktion auf die vorherigen Phänomene ausgewirkt. Ursprünglich war die Erde von einem dichten, undurchsichtigen grauen Gasmantel umgeben, der im wesentlichen aus Kohlendioxid bestand, aber auch Stickstoff, Wasser und geringe Mengen an Methan und Ammoniak enthielt. Das Kohlendioxid fing die Sonnenstrahlen ein und löste dadurch einen Treibhauseffekt aus. Die Temperaturen waren so hoch, daß Wasser nur in Form von Dampf existierte. Dann hat es sich mit Kalziumoxid zu Kalkstein verbunden, wodurch das Kohlendioxid in der Atmosphäre erheblich abnahm. Die Temperatur sank, das Wasser kondensierte zu Regen. Eine wahre Sintflut. Die Ozeane bildeten sich, das Leben konnte entstehen.

– *Aber ich nehme an, die Lebewesen haben erst viel später damit begonnen, die Umwelt zu verändern.*

– Das war ein langer Prozeß. Aber in der Zeit, in der die Sexualität, die ersten Zellen mit Kernen und die ersten Vielzeller auftauchten, spielte der Sauerstoff, der seit zwei Milliarden Jahren mit Hilfe der Photosynthese erzeugt wurde, eine entscheidende Rolle. Unter der Einwirkung der Sonneneinstrahlung hatte er Ozon gebildet, das fortan eine Schutzschicht darstellte. Dadurch wurden die Lebewesen vor den zu starken ultravioletten Strahlen geschützt, so daß sie sich weiterentwickeln konnten. Darüber hinaus sorgte der Sauerstoff durch die Lichtbrechung dafür, daß der Himmel seitdem so blau ist, wie wir ihn kennen.

– *Das heißt also, daß die Pflanzen unserer Welt die Farben gegeben haben.*

– Ja, das Chlorophyll des Plankton, das im Meer lebt, gibt ihm die grüne Farbe. Und das grüne Meer ist wiederum für den blauen Himmel verantwortlich, und zwar auf dem Umweg über den Sauerstoff, den das Plankton abgibt.

– *Und das blaue Mittelmeer?*

– Das ist auf einen Mangel an Plankton zurückzuführen, auf ein Leben, das ein wenig verkümmert ist.

– *Auch wenn die Ozeane zu dieser Zeit unseren ganzen Planeten bedeckt haben, ist es doch erstaunlich, daß das Plankton allein so viel Sauerstoff erzeugen konnte.*

– Das Phytoplankton erzeugt ungeheure Mengen an Materie. Man schätzt zum Beispiel, daß der Ärmelkanal genausoviel Vegetation produziert wie die Grünflächen an seiner Küste. Also liefert er auch eine entsprechende Menge an Sauerstoff.

– *Die Tierwelt verdankt ihre Existenz also den Pflanzen.*

– Weil sie unseren Planeten mit der Luft zum Atmen versorgen.

– *Aber zu Anfang konnte der Sauerstoff, der ein Abfallprodukt der Pflanzen war, in großen Mengen sogar schädlich für die Vegetation sein, nicht wahr?*

– Ganz genau, für sie war Sauerstoff ein toxisches Gas.

– *Man kann sich gut vorstellen, daß es Lebensformen ge-*

geben hat, die gar keine Zeit gehabt haben, Spuren zu hinterlassen, weil sie durch das Auftreten des Sauerstoffs getötet worden sind.

– Ja, wahrscheinlich. Aber die berühmten Anaerobier überlebten, jene Organismen, die ohne Sauerstoff auskommen. Dann bot die Anpassung an dieses neue giftige Gas eine Möglichkeit zu überleben. Die Atmung ist also gewissermaßen eine Wiederaufbereitung von Abfall.

DIE EISENZEIT

– *Es ist kurios, daß das Rot des Hämoglobins und das Grün des Chlorophylls Komplementärfarben sind.*

– Das sind zwei Moleküle, die eng miteinander verwandt sind. Sie unterscheiden sich im Grunde nur durch das Metall, das sie enthalten. Während das Eisen das Hämoglobin rot färbt, ist das Magnesium für die grüne Farbe des Chlorophylls verantwortlich.

– *Man denkt dabei unwillkürlich an die kleinen grünen Männchen vom Mars ... Man trifft immer wieder auf Entsprechungen zwischen der Pflanzenwelt und der Tierwelt, wie wir sie auch in bestimmten Science-fiction-Geschichten wiederfinden ...*

– Neben der Welt der exakten Wissenschaft gibt es seit dem Mittelalter eine geistige Strömung, die ihren Höhepunkt mit Goethe erreichte. Er versuchte, die Ordnung der Natur durch Analogien zu verstehen. Es gab eine, die ich für besonders faszinierend halte. Betrachten wir einmal einen Baum. Seine Äste breiten sich vom Stamm aus, und seine

Blätter nehmen das Kohlendioxid auf, aus dem sie den Zucker bilden. Den Sauerstoff geben sie ab... Das ist die Pflanzenwelt. Betrachten wir jetzt unseren Körper: Er besitzt keine Äste mehr, dafür aber Bronchien, die er nicht mehr in die Luft streckt, sondern ins Blut, wo sie den Sauerstoff aufnehmen, mit dessen Hilfe sie die Zucker aufbrechen, die mit der Nahrung im Blut transportiert werden. Sie konsumieren sie und geben das Kohlendioxid wieder ab... Das ist die Tierwelt. Hier erkennt man die erstaunliche Ähnlichkeit zwischen der grünen und der roten Welt, die einander ergänzen. Die eine ist nach außen gerichtet, die andere nach innen. Je weiter die Organe nach außen reichen, desto besser für die Pflanze, denn je größer ihre Oberfläche ist, desto mehr Sonnenlicht kann sie aufnehmen. Und je besser die Organe im Inneren des Körpers geschützt sind, desto besser für die Tierwelt.

– *Sagt man aber nicht, man soll Pflanzen nachts nicht im Schlafzimmer stehen lassen, weil sie Sauerstoff verbrauchen?*

– Genauso ist es! Auch die Pflanzen atmen, und zwar Tag und Nacht. Aber weil bei der Photosynthese viel größere Gasmengen umgesetzt werden, wird die Atmung, solange es hell ist, mehr als ausgeglichen. Deshalb vergißt man oft, daß auch Pflanzen atmen.

– *Für die Pflanzen stellt die Atmung also gewissermaßen einen Hilfsmotor dar, der nur langsam läuft, aber den Antrieb übernimmt, wenn das Licht schwächer wird...*

– Wenn Sie so wollen. Wenn die Pflanze nur auf ihre Atmung angewiesen wäre, würde sie nicht lange überleben. Wenn die Nacht immer länger wird, welkt sie und stirbt schließlich. Aber man muß auch in Betracht ziehen, daß ein Übermaß an Licht die Photosynthese blockieren kann. Manche Pflanzen haben sich daran gewöhnt, mit nur wenig Licht auszukommen, so zum Beispiel die Veilchen, die man im Wald findet, und auch alle anderen Pflanzen, die im Unterholz wachsen. Andererseits gehen manche tropischen Pflanzen so weit, zwischen elf und sechzehn Uhr, also wenn die Sonneneinstrahlung am intensivsten ist, ihre Photosynthese vollständig anzuhalten, so wie man den Atem anhält. Die Hitze schließt die Spaltöffnungen oder Stomata, das sind die Poren der Pflanzen, mit denen sie den Gasaustausch regulieren. Dieses erst vor kurzem entdeckte Phänomen beweist, wie subtil die Anpassung der Pflanzen an ihre Umwelt ist.

– Auch die Tiere, die schließlich von den Pflanzen abstammen, passen sich an, entwickeln sich weiter und leben ihr Leben … Trotzdem haben Pflanzen und Tiere im Laufe dieses Abenteuers ihre Beziehungen zueinander aufrechterhalten. Zunächst, weil sich die Pflanzen von den neuen Lebewesen, die sie hervorgebracht hatten, fressen ließen. Aber auch, weil sie – allerdings bedeutend später – lernten, sich der Tiere zu bedienen.

– Genau. Aber in einer ersten Phase, in der sich das Leben noch im Meer abspielte, entwickelten sich die Pflanzen bedeutend langsamer als die Tiere, die zu Vielzellern wurden und sehr bald ein beträchtliches Maß an Komplexität aufwiesen. Ein Fisch ist ein hochentwickeltes Lebewesen, das bereits über alles Wesentliche verfügt. Alle großen Neuerungen in der Tierwelt haben im Ozean stattgefunden, während sich die Pflanzen dort ruhig treiben ließen und zum größten Teil Einzeller blieben. Schon vor 600 Millionen Jahren hatte die Tierwelt einen erstaunlichen Entwicklungsstand erreicht. Außer den heutigen Formen entstanden auch noch viele andere, die nicht überlebt haben, die jedoch für diese Zeit, in der die Kreativität geradezu entfesselt war, spezifisch waren. Aber erst, als das Land aus den Ozeanen auftauchte, begann auch das pflanzliche Leben, sich weiterzuentwikkeln.

2. Szene: Die Kolonisation der Erde

Eine Alge paßt sich an das feste Land an, das ihre Nachfahren erobern werden. Die Pflanzen beginnen, miteinander zu konkurrieren und sich mit einer schwierigen Umwelt auseinanderzusetzen. Sie entwickeln sich schnell weiter.

ROT, BRAUN, GRÜN

– Zunächst befinden sich die Pflanzen – wie alle anderen Lebensformen – immer noch im Meer. Auf welche Weise könnte der Kontinent, der dann schließlich auftauchte, Einfluß auf sie genommen haben?

– JEAN-MARIE PELT: Die Küstenstreifen haben eine wichtige Rolle gespielt. Mit ihrer geringen Wassertiefe, ihren Gezeiten, die zweimal täglich das Land freigaben und wieder überfluteten, waren sie der ideale Ort für den Übergang zwischen den beiden Welten Meer und Land. Und hier vollzog sich auch eine Differenzierung zwischen den Algen. Man kann dieses Phänomen auch heute noch beobachten, wenn man am Strand spazierengeht. Ganz oben erkennt man die Grünalgen, die wie Salat aussehen. Weiter unten, dort, wo das Wasser bei Ebbe steht und wo noch genügend Wasser und vor allem auch genügend Licht ist, wachsen die Braunalgen. Noch tiefer, unterhalb der Wasserlinie bei Ebbe, wo sich das Meer verdunkelt, leben die

Rotalgen. Und zwar bis zu einer Tiefe von achtzig Metern. Obwohl es in der Tiefe kaum noch Licht gibt, konnten sie an diesem Standort überleben. Die Braunalgen haben dagegen die besten Bedingungen gefunden. Sie kommen in den Genuß der Helligkeit und können sich außerdem an die Felsen anklammern. Auf diese Weise werden sie vom bewegten und damit kohlendioxydreichen Wasser hin- und hergeschoben. Das ist der Grund, warum die Entwicklung der Braunalgen am weitesten fortgeschritten ist. Die Grünalgen befinden sich da in einer bedeutend schwierigeren Situation, denn ihr Lebensraum ist bei Ebbe nicht vom Wasser bedeckt. Dank ihrer grünen Farbe und der damit verbundenen großen Menge an Chlorophyll können sie jedoch überleben. Rot, braun, grün ... Am Strand kann man genau erkennen, wie sich die Evolution der Algen abgespielt hat.

– Es handelt sich also um eine Evolution, die mit einer räumlichen Verlagerung verbunden ist. Zum Festland hin ...

– Es ist eher eine Modifikation der Umwelt selbst. Die Wassertiefe ist geringer geworden, wodurch die Küstenregionen aufgetaucht sind. Aber es kommt auf das gleiche hinaus, man erreicht festen Boden.

– Nicht gerade eine einladende Welt.

– Sie ist absolut öd und leer. Keine Spur von Leben, weder pflanzlich noch tierisch. Nur Gestein. Die Pflanzen haben noch keinen Humus gebildet, es gibt also auch noch keine Böden, die Felsen sind nackt ... Welches Lebewesen ist unter diesen Bedingungen in der Lage, sich an ein Leben außerhalb des Wassers anzupassen? Nur eine Pflanze, die bereits dank der Gezeiten Erfahrungen mit einer solchen Umwelt hat. Eine Pflanze, die in der Lage ist, eine intensive Photosynthese durchzuführen. Das Chlorophyll hat sich im Meer besonders gut entwickeln können, und zwar nicht in der Tiefe, sondern an der Oberfläche, wo durch die intensive Sonneneinstrahlung die besten Bedingungen für die Entwicklung des Phytoplanktons gegeben sind. Die Grünalge besitzt diese Eigenschaften und hat deshalb vor etwa 430 Millionen Jahren die Erde erobert.

– *Sie ging also sozusagen an Land …*

– Wenn man so will … Die Ozonschicht ist inzwischen so dicht geworden, daß die Pflanzen vor der ultravioletten Strahlung geschützt sind, die ein Leben außerhalb des Wassers unmöglich gemacht hätte. Als dieses Strahlenbombardement zu Ende war, konnten die Pflanzen das Wasser verlassen. Man darf aber nun nicht glauben, daß plötzlich ein ganzes Bataillon von Grünalgen von den Klippen aus gestartet wäre, um sich auf den Weg zum Strand zu machen … Nein, so hat sich das nicht abgespielt. In der Zeit, über die wir hier reden, also im Silur, gab es eine Periode der Austrocknung. Das Wasser wich zurück, es bildeten sich Tümpel, Lagunen, Sümpfe, in denen das Leben eingeschlossen war. Natürlich nur das, was sich in Küstennähe befand. Dort lebten die Algen. Und die grünen überlebten, denn sie konnten sich anpassen.

PILZE – WEDER TIERISCH NOCH PFLANZLICH

– Ich werde dieses Grünzeug von jetzt an mit anderen Augen sehen!

– Und noch eine andere Lebensform, die man immer wieder vergißt, ist zu dieser Zeit auf der Erde entstanden: die Pilze. Sie sind vielzellige Lebewesen ohne organisierte Gewebestruktur, die aus Fäden, sogenannten Hyphen, bestehen und die kein Chlorophyll enthalten.

– Also sind sie keine Pflanzen?

– Nein. Sie sehen nur so aus, aber sie sind keine Pflanzen.

– Aber sie sind doch auch keine Tiere ...

– Nun, sie nehmen eine Zwischenstellung ein, ähnlich wie die Bakterien. Sie gehören weder ins Reich der Pflanzen noch in die Tierwelt. Sie gehören zu einem speziellen Reich.

– Zu einem, das uns das Leben vergiftet.

– Ja, aber sie helfen uns auch in vielen Fällen.

– Und die Viren?

– Das war noch früher. Die sind noch einfacher strukturiert als die Bakterien; sie befinden sich an der Grenze zum Lebendigen. Die Viren sind auch eine Kategorie für sich, sie sind mit den Kristallen verwandt. Parasiten des Lebens. Man könnte sogar sagen, daß es verschiedene Welten gibt: die der Viren, die der Bakterien, die der Pilze, die der Pflanzen und die der Tiere. Für manche Leute gibt es auch noch eine Welt der Menschen, da die Evolution dieses letzten Tieres seit den Affen besonders wichtig war.

– Von wem stammen denn die Pilze ab?

– Von den Algen. Wie die Tiere haben auch sie eines Tages das Chlorophyll verloren. Sie sind sehr alt und lebten ursprünglich im Meer... Von dem Augenblick an, wo sie Organisches zu sich nehmen konnten, hatten sie eine zweite Möglichkeit gefunden, sich zu ernähren. Sie leben von Abfällen oder als Parasiten. Im Hinblick auf ihre Ernährung ähneln sie den Tieren. Ansonsten besitzen sie die morphologische Struktur der Pflanzen, allerdings ohne Chlorophyll. Bei ihnen läuft keine Photosynthese mehr ab, sondern sie beziehen ihre Nahrung von anderen Pflanzen.

DIE AUFRECHTE COOKSONIA

– *Wir befinden uns jetzt also im Schlick. Und der ist voll von Pilzen und Grünalgen. Und was passiert dann?*

– Eine alte Theorie besagt, daß aus diesen Grünalgen eine Art Moos entstanden ist, aus dem dann schließlich eine Pflanze mit Gefäßen wurde, der später eine mit Samenkörnern und schließlich eine mit Blüten folgte. So habe ich das noch gelernt.

– *Hat sich das denn nicht so entwickelt?*

– Absolut nicht... Es stimmt zwar, daß das Moos am engsten mit der Grünalge verwandt ist, es besitzt keine Gefäße und verholzt nicht. Nun ist es aber so, daß die Moose bedeutend später entstanden sind als die Gefäßpflanzen, von denen man schon sehr früh, nämlich schon vor 420 Millionen Jahren, die ersten Exemplare findet. Es handelt sich dabei um eine aufrechte Pflanze, keine schlaffe wie die Algen. Sie sieht aus wie eine ganz kleine, etwa fünf Zentimeter hohe Binse, die oben eine Art Gabelung mit zwei Zacken hat. Und diese Zweiteilung ist seitdem charakteristisch für alle archaischen Pflanzen. Dann entwickelt sie einen Stengel, in dessen Inneren sich Gefäße befinden, die den Kreislauf der Säfte aufrechterhalten. In ihnen fließt das aus der Erde aufgesaugte Wasser. Wenn es der Pflanze gelingt, das Wasser in sich aufsteigen zu lassen, kann sie sich auch selbst zum Licht aufrichten. Es handelt sich dabei um die ältesten Holzpflanzen – also ligninhaltigen Pflanzen –, die man entdeckt hat. Man hat sie in Irland gefunden und nennt sie *Cooksonia*. Sie ist vermutlich erst zehn Millionen Jahre nach der Eroberung des Festlandes durch die Grünalgen aufgetaucht – im Vergleich zur Dauer der Evolution eine ziemlich kurze Zeit.

– Und sie hat die Erde erobert?

– Diese erste Vegetation der Erde war spärlich. Sie wuchs vor allem in Lagunen und Sümpfen. Sie blieb niedrig und hatte keine Blätter. Die Photosynthese lief in den Stengeln ab.

– Und war diese Cooksonia ein einzelner Versuch ohne Folgen, oder gab es eine Nachkommenschaft?

– Sie hatten durchaus eindrucksvolle Nachkommen, denn es gibt bei diesen Pflanzen ein weiteres, höchst interessantes Merkmal: Auch sie produzieren noch Sporen, aber diese neuen Sporen müssen nicht mehr schwimmen, sie können fliegen. Sie verbreiten sich mit Hilfe des Windes. Der Einfluß des Meeres nahm also ab, während die Luft an Bedeutung gewann. Aus diesem Grund kann man die Cooksonia als Vorläuferin der höher entwickelten Pflanzen betrachten, auch wenn sie heute nur noch in Form von Fossilien existiert. Es gibt jedoch auch in der gegenwärtigen Flora noch etwas, das an sie erinnert: zwei Gattungen ... das ist fast nichts. Es sind tropische Pflanzen, die offensichtlich von diesen seltsamen irischen Vorfahren abstammen.

– *Welche Pflanze folgte der Cooksonia?*

– Eine ähnliche, die aber größer war: Die *Rhynia*. Sie war ungefähr fünfzig Zentimeter hoch. In der Nähe der kleinen schottischen Stadt Rhynie hat man in rotem Sandstein, dem sogenannten »Old Red«, etwa 390 Millionen Jahre alte Fossilien davon gefunden. Die Verwandtschaftsgruppe der Rhynia enthielt auch Arten, die bereits mit nadel- oder schuppenförmigen Auswüchsen besetzt waren. Sie hatten noch keine Blätter, aber sie besaßen bereits die Ansätze dazu und sahen dadurch recht anders aus als die nackten Binsen.

DAS RÄTSEL DER MOOSE

– *Was geschah auf unserem Planeten, während die* Cooksonia *das Holz erfand?*

– Zur gleichen Zeit ging ein Fisch an Land: der *Ichtyostega,* der – grob gesagt – im Laufe der Generationen seine Flossen in Pfoten und seine Kiemen in Lungen verwandelt hat und aus dem schließlich die ersten Amphibien entstanden sind.

– *Heißt das, daß Pflanzen und Tiere zur gleichen Zeit das Meer verlassen haben?*

– In jedem Fall sind die Tiere den Pflanzen sehr bald gefolgt. Durch das Absinken des Wasserspiegels waren die an den Küsten lebenden Arten gezwungen, sich weiterzuentwickeln.

– *Man kann zumindest sagen, daß Katastrophen ein Motor der Evolution sind.*

– Genau. Und bestimmte einfache Lebewesen passen sich an, indem sie sich nur ein bißchen weiterentwickeln, so zum Beispiel die Blaualgen. Andere, die komplexer sind, machen große Entwicklungsschritte durch. Die Vielzeller waren gezwungen, sich erheblich weiterzuentwickeln.

– *Und je komplizierter und damit gleichzeitig anfälliger sie waren, desto radikaler mußten sie sich weiterentwickeln.*

– Ja, ihre Schwäche ist ihre Stärke geworden. Man findet zum Beispiel diese Binsenarten, die schon damals Holz entwickelt haben und sich bereits häuslich niedergelassen hatten, als bedeutend später die Moose aus einer anderen Linie aufgetaucht sind. Das ist rätselhaft, denn sie befanden sich in einem früheren Stadium der Evolution. Die Moose entwickeln kein Holz, keine Wurzeln und leben ein bißchen wie die Algen.

– *Sie haben nichts erfunden?*

– Doch. Sie haben immerhin die Gliederung in Stengel und Blatt vervollkommnet, um soviel Luft wie möglich aufnehmen zu können.

– *Da sie nun nicht von der Cooksonia abstammen, könnte man also annehmen, daß es sich bei ihnen um eine andere Entwicklungslinie der Algen handelt, die nicht viel Neues gebracht hat?*

– Das ist ziemlich wahrscheinlich. Nach den Fossilien zu urteilen, sind die Moose erst vor 350 Millionen Jahren aufgetaucht. Man weiß jedoch auch, daß sie schlecht versteinern, da sie kein Holz enthalten. Deshalb ist man sich über ihren Ursprung noch weniger im klaren als bei den anderen Arten.

UNABHÄNGIGKEIT VOM MEER

– Sicher ist nur, daß eine winzig kleine Pflanze vor 350 Millionen Jahren den Stengel mit Blättern erfunden hat…

– Und das war eine tiefgreifende Veränderung, denn dadurch waren die Pflanzen in der Lage, ihre Oberfläche erheblich zu vergrößern. Im Meer waren viele Grünalgen nötig, um die Photosynthese zu garantieren. In der Luft muß jede einzelne Pflanze ihre Oberfläche vergrößern, indem sie möglichst viele Blätter ausbildet, um ein Maximum an Licht aufnehmen zu können. Aber trotz dieser Erfindung sind die Moose sehr vom Wasser abhängig geblieben. Um sich fortzupflanzen, brauchen sie Feuchtigkeit, damit ihre Samenfäden bis zu den weiblichen Geschlechtszellen, den Eizellen, schwimmen können. Genau wie bei den Algen. Wenn das Moos trocken ist, kann es sich nicht mehr fortpflanzen. Die Pflanzen werden alle Hände voll zu tun gehabt haben, sich von dieser Art der Fortpflanzung zu befreien, also in dieser Beziehung vom Wasser unabhängig zu werden. Aber im Gegensatz zu den Tieren schafften sie das. Die Tiere, und wir eingeschlossen, produzieren immer noch schwimmende Spermien, ein Erbe unserer Vorfahren aus dem Meer. Die Pflanzen befreiten sich dagegen Schritt für Schritt von allen Spuren ihrer ozeanischen Vergangenheit. Sie entwickelten »trokkene« Samenfäden, die durch einen Schlauch direkt bis zur Eizelle transportiert werden und nicht mehr in einer Flüssigkeit schwimmen müssen.

– Also eine bedeutend radikalere Evolution als die, die wir durchgemacht haben.

– Bedeutend radikaler! Das Fortpflanzungssystem der Pflanzen hat eine intensive Evolution durchgemacht, während die Tiere im Grunde immer noch auf das flüssige Element angewiesen sind. Um sich fortpflanzen zu können, setzen die Pflanzen auf Wind, Insekten, größere Tiere usw. Also auf sehr unterschiedliche Übertragungsmittel. Das ist übrigens auch der Grund, warum die Pflanzenwelt eine bedeutend größere Vielfalt entwickelt hat als die Tierwelt, in der man nur einer einzigen Entwicklungslinie gefolgt ist: vom Fisch zur Amphibie, von der Amphibie zum Reptil, vom Reptil zum Säugetier ...

– Die »Entwöhnung« der Pflanzen hat sich also sehr rasch vollzogen.

– Sehr. Schon die Sporen der Cooksonia wurden vom Wind übertragen und nicht vom Wasser. Aber auf dem Erdboden pflanzten sie sich weiter mit Hilfe eines winzigen Organs, des Prothalliums oder Vorkeims, fort, das einer mit männlichen und weiblichen Organen ausgestatteten Alge ähnelt. Um vom einen zum anderen zu kommen, mußten die Samenfäden aber immer noch schwimmen, und das heißt, daß das Prothallium feucht sein mußte. Das Leben im Meer war also noch nicht vergessen ...

– Und wie ging es weiter? Was ist aus den Moosen geworden?

– Für sie war an dieser Stelle Schluß mit der Entwicklung. Sie hatten eine Anpassungsmöglichkeit gefunden und suchten deshalb auch nicht weiter. Die Moose sind bis zum heutigen Tage schlicht die gleichen geblieben. Sie sind auch heute noch so, wie wir sie von den ältesten Versteinerungen kennen. Bei ihnen hat sich nichts bewegt.

– Es fällt einem allerdings schwer zu verstehen, warum das so ist, zumal es doch bereits eine bedeutend höher entwikkelte Pflanze gab.

– Aus diesem Grund glauben auch manche Biologen, daß es sich bei den Moosen womöglich um eine Regression – eine Rückentwicklung – handelt, um eine Art Cooksonia, die ihre Gefäße verloren hat. Es gibt nämlich durchaus Beispiele für eine solche regressive Evolution. Man muß sich immer wieder folgende Hypothese vor Augen führen: Eine Evolution, die man nicht versteht, ist vielleicht einfach nur eine Regression. Die Pflanze hat nach und nach aufgehört, Gefäße zu produzieren, wodurch es ihr mit der Zeit immer schwerer fällt, die Säfte hochsteigen zu lassen, also verkümmert sie … Aber das ist natürlich nur eine Hypothese.

KAMPF UMS LICHT

– Diese Pflanze muß irgendwie eine Kehrtwendung gemacht haben. So wie die Wale, diese Säugetiere, die aus Heimweh ins Meer zurückgekehrt sind … Aber wenn das Moos eine Sackgasse ist, brauchen wir es eigentlich nicht mehr, um den weiteren Ablauf der Geschichte zu verstehen.

– Das stimmt. Nach der Cooksonia lassen sich

zwei entgegengesetzte Aspekte der Evolution verfolgen: der Geschlechtsapparat und das vegetative System. Beginnen wir mit dem zweiten. Die Morphologie ist offensichtlich ganz einfach ... Nachdem die Pflanze das Gefäß erfunden hat, mit dem sie Wasser aufnehmen kann, hat sie sich mit großem Eifer an die Arbeit begeben, um möglichst viele davon zu produzieren. Sie hat sie aneinandergepreßt und sie dann gebündelt. Schließlich hat sie auch die so gebildeten Bündel noch einmal gebündelt ...

– Sie war also unersättlich.

– Sie versuchte, immer mehr Wasser zu trinken. Folglich wurde sie immer kräftiger, denn je höher sie wuchs, desto mehr Licht konnte sie einfangen. Und je kräftiger sie war, desto besser konnte sie Wasser aus dem Erdboden aufnehmen und nach oben bringen. So entstand die Konkurrenz der Pflanzen um das Licht, die die Urpflanzen nach und nach immer größer werden ließ.

– Man kann wirklich sagen, daß sich die Welt damals verändert hat. Das Festland ähnelte inzwischen dem Ozean: Es war grün.

– Absolut. Die ganze Welt war von Pflanzen bedeckt.

– Und alle diese Pflanzen standen in Konkurrenz zueinander.

– Ja, alle wollten zum Licht.

– Sie bildeten einen sehr ausgedehnten Wald, auch wenn es noch keine richtigen Bäume gab.

– Damals existierten nur sehr kleine Pflanzen. Wie ein Teppich bedeckten sie den lockeren, feuchten Boden, und jede versuchte höher zu kommen als ihre Nachbarin, um möglichst viel Sonnenlicht aufzunehmen. Dieser Kampf um das Licht ist bis zum heutigen Tag die wichtigste Orientierung für die Pflanzen geblieben. Und da die am höchsten wachsende das meiste Licht bekam, wurden die Pflanzen immer höher. Vor etwa 380 Millionen Jahren tauchten dann die ersten echten Bäume auf.

– *Gab es schon Farne?*

– Ja, sie sind kurz nach der Cooksonia im Devon, also vor etwa 360 Millionen Jahren, erschienen. Mit diesen eigenartigen kleinen Binsen hatten sie viel gemein. Sie bildeten Gefäße und konnten sich daher vom Boden aufrichten. Sie produzierten Sporen, die fliegen konnten und auf dem Boden landeten, wo sie einen Vorkeim bildeten. Ihre Samenfäden konnten schwimmen und so zu den Eizellen gelangen. Im Hinblick auf die Fortpflanzung hatte man das Wasser noch nicht verlassen ... Die Farne sind in dieser Beziehung im gleichen Stadium geblieben wie die Tiere.

– *Heute gibt es sicher nicht mehr viele Pflanzen, die auf diese Weise funktionieren.*

– Nur sehr wenige. Es sind Pflanzen, die eigentlich einer vergangenen Zeit angehören.

– *Wie war das nun mit den Bäumen?*

– Zur damaligen Zeit herrschten im wesentlichen drei Entwicklungslinien vor, wenn wir die übergehen, die komplett wieder ausgestorben sind. Es sind die drei Linien, aus denen die heutigen Pflanzen entstanden sind. Die erste waren also die Farne. Aus ihnen entwickelten sich Bäume, die auch heute noch existieren: die Baumfarne. Diese tropischen Pflanzen, die ihre Leitgefäße immer mehr gebündelt haben, können bis zu fünfzehn Meter hoch werden. Die zweite Linie ist die der Schachtelhalme, zu der auch das Zinnkraut gehört.

– *Ein Unkraut, das auf feuchten Böden wächst.*

– Für Landwirte und Gärtner ist es ein Unkraut, aber außerdem ist es die Miniaturausgabe eines großen urzeitlichen Baumes namens *Calamites.* Das war im Grunde nichts anderes als ein dreißig Meter hoher Schachtelhalm, auch wenn man sich das kaum vorstellen kann. Das Klima war damals sehr warm und feucht, und die Vegetation war auf der ganzen Erde mehr oder weniger gleich. Diese beeindruckenden Wälder der Urzeit hatten ihre beste Zeit im Karbon, und das, was heute noch von ihnen übrig ist, ist die Kohle ... Man sollte sie einmal rekonstruieren, so wie man es mit den Dinosauriern gemacht hat ...

– *Das wäre bestimmt faszinierend.*

– Mit Sicherheit. Aber es gab noch die dritte Entwicklungslinie der Bäume: die der Bärlappe, die den Palmen ähnelten. Um sich so etwas vorstellen zu können, muß man sich die Versteinerungen in einem Wald bei Gilboa im Staate New York ansehen. Hier hat 1869 ein gewaltiger Regen die Flußufer völlig weggeschwemmt und Versteinerungen von Baumstümpfen freigelegt, die 350 Millionen Jahre alt sind. Das heißt, sie stammen aus einer Zeit kurz vor dem Karbon. Es ist einer der ältesten Wälder, der uns in fossiler Form erhalten geblieben ist. Er erstreckt sich über mehrere hundert Hektar und liegt im untersten Teil eines sumpfigen Hangs, der von Wasserläufen durchfurcht ist.

– *Gab es zu der Zeit auch schon Dinosaurier?*

– Aber nein! Wir befinden uns noch etwa hundert Millionen Jahre vor ihrer Entstehung … Die bei Gilboa gefundenen Tiere waren klein: giftige Tausendfüßer, winzige Spinnen, eine kleine Milbe … Aber diese Insekten sind genau wie die Bäume verschwunden. Hier ist ein komplettes Ökosystem ausgestorben. Es gab in den Bäumen keine Vögel, sie existierten noch nicht. Auch keine Insekten, die Pollen hätten sammeln können, denn es gab auch noch keine Blüten. Also auch keine Schmetterlinge und keine Bienen. Noch fehlten das uns vertraute Summen und Zwitschern, der Gesang und die Schreie, es gab nur das Rauschen der Blätter im Wind. Unser Planet war in einer dramatischen Weise still. Dann tauchten im Karbon riesige Libellen mit einer Spannweite von siebzig Zentimetern und fünfzehn Zentimeter lange Schaben auf.

– Es gab ausschließlich Insekten, keine anderen Tiere?

– Doch. Zu Beginn des Karbons entstand die erste Amphibie mit Pfoten und Lungen, das heißt, der erste Vorfahre unserer Linie. Aber weder diese ersten Insekten noch diese Amphibien sind erhalten geblieben.

– Gibt es denn Bäume, die es geschafft haben, die Jahrtausende zu überleben?

– Nur bestimmte Baumfarne. Die anderen Entwicklungslinien sind uns nur in Form von kleinen, unverholzten Pflanzen überliefert: kleine Schachtelhalme am Wegesrand, winzige Moosfarne – die *Selaginella* – anstelle von großem Bärlapp. Diese Selaginella ist Besitzern von Treibhäusern vertraut, weil sie ziemlich zum Wuchern neigt. Wie Sie sehen, ist uns aus der Urzeit so gut wie nichts erhalten geblieben. Tiere, Insekten und Pflanzen sind entweder klein geworden oder ganz verschwunden. Was zu groß wird, erweist sich demnach im Laufe der Evolution anscheinend als verletzlich, als vergänglich.

3. Szene: Die großen Erfindungen

Nachdem sich die höheren Pflanzen erst einmal angesiedelt haben, entwickeln sie sich vor allem auf dem Gebiet der Fortpflanzung weiter, um das Überleben der Art immer besser zu sichern.

DAS EI WAR VOR DER HENNE DA

– *Haben die Bäume, abgesehen von ihrer Größe, etwas Neues entwickelt?*

– JEAN-MARIE PELT: Sie haben auf dem Gebiet der Sexualität einen großen Schritt nach vorn gemacht. Zwar haben sie sich im Hinblick auf die morphologische Organisation kaum weiterentwikkelt, aber sie haben ein Behältnis zum Schutz ihrer Sporen geschaffen. Die Sporen fallen nicht mehr auf die Erde, sondern bleiben von jetzt an am Baum und keimen dort. Die Geschlechtsorgane bilden sich jetzt sozusagen in der Luft. Im Inneren der schützenden Schale, also in der Samenanlage, befinden sich die weiblichen Vorkeime mit den Eizellen, und dort findet fortan auch die Befruchtung statt. Die Samenfäden bilden sich dagegen in einem anderen Organ, in den kleinen Vorkeimen mit männlichen Samenzellen, den Pollenkörnern. Und auch in diesem Fall gibt es alle die Pflanzen, die das erfunden haben, nicht mehr …

– Sie wollen damit sagen, daß sie heute ausgestorben sind?

– Ja. Es waren die Samenfarne. Als ein Botaniker namens Oliver im Jahre 1900 Versteinerungen von Samenfarnen fand, machte sich alle Welt über ihn lustig. Für einen Botaniker war ein Farn mit Samen etwas ganz und gar Undenkbares, so etwas wie ein Huhn mit Zähnen, eine Rose ohne Blüte ... Man hat dann noch andere Versteinerungen von Farnen gefunden, die zwar keine echten Samen enthielten, aber Samenanlagen. Das waren, wie ich bereits ausgeführt habe, weibliche Geschlechtsorgane, die in einer Umhüllung auf den Pflanzen blieben.

– Sie haben auch den Pollen erwähnt. Existierte er schon vor den Blüten?

– Schon lange vorher. Nur das Wort Pollen oder Blütenstaub benützt man erst, seit es Blüten gibt. Davor spricht man von männlichen Sporen oder Mikrosporen, aber im Grunde handelt es sich dabei um ein und dieselbe Sache. Also, die Bäume haben die Samenanlage und den Pollen erfunden. Damit sich jedoch die Geschlechter vereinigen konnten, mußte der Wind den Pollen weitertragen, der die schwimmfähigen Samenfäden enthielt. Die Pollenkörner flogen, wohin der Zufall sie trug, und erreichten – manchmal – eine Samenanlage. Die wurde nach dem Kontakt weich und bildete ein Gel. Sie verflüssigte sich also mit anderen Worten und ermöglichte erst so dem Samenfaden, zu der Eizelle zu schwimmen. Das Schwimmen gibt es also immer noch, obwohl der Pollen vom Wind transportiert wird. Aber man entfernt sich Schritt für Schritt immer weiter vom Meer ...

DER BAUM, DER EIER LEGT

– *Man entfernte sich auch vom Erdboden. Gibt es heute noch Beispiele für diese Art der Fortpflanzung?*

– Zwei: Die Palmfarne, die wie Palmen mit sehr hartem Blattwerk aussehen und fast künstlich wirken. Man sieht sie häufig in den Gärten an der Côte d'Azur. Das zweite Beispiel ist der berühmte Ginkgobaum mit den fächerförmigen Blättern. Seine Pollenkörner fliegen durch die Luft und landen auf einer riesigen Samenanlage von der Größe einer Mirabelle. Die Samenanlage wird geleeartig, und der Samenfaden befruchtet das Ei. Es beginnt, sich zu teilen, um einen neuen Ginkgo entstehen zu lassen... Manchmal fällt die bestäubte Samenanlage auch auf den Boden, noch ehe die Eizelle befruchtet worden ist. Soweit hatten sich die Dinge also im Karbon entwickelt. Man muß auch erwähnen, daß am Ende dieser Periode – also vor etwa 280 Millionen Jahren – Bäume aufgetaucht sind, die sich an ein Leben außerhalb der Sumpfgebiete angepaßt hatten und ein bedeutend besseres Wurzelsystem besaßen. So zum Beispiel die *Walchia*, die auf trokkenem Boden wächst. Und dann wurde alles perfektioniert.

– *Das Karbon war wirklich eine ereignisreiche Zeit: So haben zum Beispiel die Pflanzen und die Tiere das Ei erfunden.*

– Richtig, das hat sich in der gleichen erdgeschichtlichen Periode ereignet.

– *Diese parallelen Entwicklungen sind trotzdem eigenartig. Wie ist es möglich, daß Pflanzen und Tiere zur gleichen Zeit das gleiche, oder beinahe das gleiche, entdeckt haben?*

– Nachdem die Lebewesen das Wasser verlassen hatten, mußten sie ein neues Milieu finden, in dem sie überleben konnten.

– *Aber doch nicht sofort... Warum ausgerechnet im gleichen Augenblick? Daß sie das Wasser verlassen haben, hing mit dem Rückgang der Ozeane zusammen. Aber welche Umweltbedingungen haben die Erfindung des Eis ausgelöst, dieser Anpassungsleistung, die dem Pflanzen- und Tierreich gemeinsam ist?*

– Man kann sich vorstellen, daß das Klima damals abwechselnd trocken und feucht gewesen ist. Wenn die Trockenheit lange andauerte, kam es zu einer Beschleunigung der Evolution auf dem festen Land. Die Erfindung des Eis ist unter diesem Blickwinkel ein bemerkenswerter Vorteil: Selbst bei größter Trockenheit bleibt das Ei im Inneren feucht.

– *Und die Erhaltung der Art ist gesichert.*

– Ja, sie kann sich von jetzt an sowohl im Wasser als auch außerhalb fortpflanzen.

– *Pflanzen und Tiere haben demnach zur gleichen Zeit die gleiche Strategie entwickelt, mit der sie eine längere Trockenperiode überleben konnten?*

– Ja, so hat sich das mit großer Wahrscheinlichkeit zugetragen. Aber während sich die Tiere zu Beginn des Zeitalters der Reptilien viel Zeit ließen, machten die Pflanzen schon damals große Fortschritte. Sie hatten allerdings gerade eine entscheidende morphologische Entwicklung hinter sich.

– *Welche?*

– Stellen Sie sich einmal folgendes vor: Sie machen Urlaub in den Tropen und sitzen am Strand im Schatten einer Kokospalme... Am Fuß des Baumes erkennen Sie so etwas wie Bündel von kleinen Wurzeln. Wenn Sie den Baum fällen würden, würden sie sehen, daß er überall solche Bündel enthält. Es sind die Leitbündel, von denen wir vorhin sprachen. Vor etwa 370 Millionen Jahren ist dann mit dem *Archaeopteris*, einem Baumfarn, etwas völlig Neues aufgetaucht: ein anatomisch »moderner« Baum, der der Vorläufer des Ginkgos und der Koniferen ist. Die neue Struktur besteht aus einem konzentrischen Ring im Inneren des Stamms, an dem die Leitgefäße angeordnet sind. Jedes Jahr bilden sich neue Leitbündel in immer größeren Jahresringen. Wenn man etwa eine Eiche fällt, kann man das sehr gut erkennen. Alle heutigen Bäume weisen diese gleiche Struktur auf, nur die Palmen und Farne wachsen noch nach dem gleichen Prinzip wie früher.

– *Was war der Vorteil dieser neuen Anordnung der Gefäße?*

– Sie verbesserte die Arbeitsteilung unter den Zellen, brachte eine höhere Effektivität mit sich und ermöglichte so eine größere Vielfalt.

– *Und welchen großen Fortschritt gab es noch?*

– Die Geburt der Koniferen. Die erste Neuerung bei ihnen besteht darin, daß die Samenfäden ihre Geißel verlieren. Sie brauchen sie nicht mehr, denn sie müssen nicht mehr schwimmen. Die Pollenkörner, die vom Wind zu der Samenanlage geweht werden, bilden einen Schlauch, den Pollenschlauch, in dem der Samenfaden bis zur Eizelle befördert wird. Von diesem Augenblick an haben sich die Pflanzen endgültig vom Meer getrennt.

– *Was hat sie dazu getrieben, sich in dieser Weise von ihrem Ursprung im Ozean zu entfernen?*

– Die Trockenheit. Wir sind inzwischen im Perm

angelangt, in einer Zeit, in der es zu einer dramatischen Abkühlung kam und in deren Verlauf die Ökosysteme vom Eis umschlossen wurden. Es ist eine der Perioden in der Geschichte der Erde, in der es zu einer drastischen Dezimierung der Arten kam. Alle, die sich an das feuchtwarme Klima und den sumpfigen Boden angepaßt hatten, so wie zum Beispiel Schachtelhalme, Bärlappgewächse und die Riesenfarne des Karbon, verschwanden.

– Es starben also gerade die Pflanzen, die sich am besten an die Bedingungen der vorherigen Periode angepaßt hatten.

– Genau. Die extreme Anpassung an ein bestimmtes Milieu kann sich als Schwäche auswirken. Nur Anpassungsfähigkeit ist eine wahre Stärke. Im Perm kommt es zu einer Ausdehnung der Wüsten. Vor allem auf dem nordatlantischen Kontinent, der damals Nordamerika, Grönland, Europa und Nordasien in einem Stück umfaßte, kam es zu einem erheblichen Rückgang der Vegetation. Hier entstand wieder eine Landschaft, die so aussah wie vor der Eroberung des festen Bodens durch die Pflanzen.

DER RICHTIGE ZEITPUNKT

– Hatte eine derart katastrophale Situation nicht entsprechend spektakuläre Entwicklungen zur Folge?

– Doch, natürlich. Und zwar die zweite Innovation der Koniferen. Es handelt sich auch hier um den Abschluß eines Prozesses, den die Tiere nie gemeistert haben, nämlich die Geburt bis zu einem günstigeren Zeitpunkt aufzuschieben. Es geht, anders ausgedrückt, um den Samen ... Versuchen wir einmal, uns das am Beispiel des Ginkgobaums klarzumachen. Sein Ei fällt auf den Boden und läßt dort eine neue Pflanze sprießen. Trotzdem können Sie nicht zu ihrem Samenhändler gehen und Ginkgosamen kaufen; die gibt es nämlich nicht. Was ist das also für ein Korn, das erst später erfunden wurde? Es handelt sich dabei um eine befruchtete Eizelle, in der der Embryo sein Wachstum angehalten hat und sich in einem Zustand befindet, in dem alle Lebensprozesse verlangsamt sind. Stellen Sie sich eine Schwangere vor, die am Ende des zweiten Monats die Entscheidung trifft, die Entwicklung des Fötus anzuhalten, um sie einige Jahre später wieder fortzusetzen, wenn es ihr besser paßt ...

– So wie man es heute mit den tiefgefrorenen Embryos macht.

– Genau so ist es. Die Pflanzen haben die Entsprechung zu den tiefgefrorenen Embryos erfunden. Statt durch Kälte erreichen sie das gleiche durch Austrocknung. Das Samenkorn ist der trokkenste Teil. Im Gegensatz zum Rest der Pflanze, der zu 80 Prozent aus Wasser besteht, enthält er nur 10 Prozent. Das ist die große Erfindung der Koniferen: Sie trocknen den Inhalt ihrer Samenanlage ein, aus dem dann das Samenkorn wird, in dessen Innerem der kleine Embryo den Winter überdauert und auf die Rückkehr des Frühlings wartet.

– Es kommt sogar vor, daß diese Embryos mehrere Jahre lang warten ...

– Diese kleinen Körner sind zu sehr verschiedenen Reaktionen fähig. Manche Pflanzen können ihre Samenanlage über lange Perioden »einfrieren«, andere wiederum nur für kurze Zeit. Auch hier findet man wieder ein folgerichtiges Verhalten von Pflanzen, das gut verdeutlicht, wie raffiniert diese Anpassungen sind. In tropischen Klimazonen, wo es das ganze Jahr über warm und feucht ist, besteht für den Embryo kein Grund, eine Ruhepause einzulegen, denn die Bedingungen für seine Entwicklung sind immer günstig. In diesen Fällen wartet die Pflanze nicht. Die Samenkörner verlieren sehr schnell ihre Keimfähigkeit. So ist es zum Beispiel beim Kakao. In unseren Breiten, wo es kalte Jahreszeiten gibt, in denen die Pflanzen wegen des gefrorenen Bodens nicht sprießen können, verharrt der Embryo im Schutze seines Samenkorns in einem Zustand, in dem alle Lebensprozesse verlangsamt sind – so lange, bis die Sonne wieder für Wärme und Feuchtigkeit sorgt. Es gibt allerdings auch außergewöhnliche Fälle, in denen bestimmte Samenkörner ihre Lebensfähigkeit über viele Jahre erhalten. Man hat in kalten Torfmooren Samenkörner von Lotusblumen gefunden, die nach tausend Jahren noch gekeimt sind. In Japan hat man in geologischen Schichten, die leicht und genau zu datieren waren, Magnoliensamen gefunden, die noch nach zweitausend Jahren gekeimt sind. Den absoluten Rekord haben aber Samenkörner von Lupinen aufgestellt, die man kürzlich gefunden hat und deren Alter mit Hilfe der Radiokarbon- oder C-14-Methode bestimmt wurde: Noch nach über zehntausend Jahren besaßen sie die Fähigkeit zu keimen. Die Pflanzen, aus denen diese Samen stammten, haben also geblüht, als die Menschen der Jungsteinzeit den Ackerbau einführten … Die

Tierwelt ist absolut nicht in der Lage, ähnliches zu vollbringen, denn ihr fehlt das Samenkorn. Der Fötus entwickelt sich kontinuierlich, und wenn der Augenblick der Geburt nicht besonders günstig ist, hat er eben Pech gehabt, dann stirbt er. Den Tieren bleibt nur die Möglichkeit, ein Versteck zu finden, einen geschützten Ort, um ihre Jungen zur Welt zu bringen.

– *Die einen beherrschen die Zeit, die anderen den Raum.*

– Ja, die Pflanzenwelt kann sich nicht bewegen, aber sie kann warten. Das Tier ändert seine Umgebung, während die Pflanze so lange wartet, bis sich die Umgebung verändert.

DURSTZEITEN ÜBERSTEHEN

– *Die Pflanzen scheinen oft in einer anderen Zeit zu leben als wir. Mit wenigen Ausnahmen, wie zum Beispiel bestimmten Schildkröten, kann man die Lebenserwartung der Tiere nicht mit derjenigen vieler Bäume vergleichen, die mehrere Jahrhunderte leben. Wie läßt sich ein derart unterschiedlicher Rhythmus erklären?*

– Die Pflanze besitzt eine andere Fähigkeit, Leben und Tod miteinander zu vereinigen, als wir. Unsere Zellen sterben, werden eliminiert, ersetzt … aber das alles nur bis zu einem bestimmten Punkt. Wenn diese Erneuerung nicht mehr stattfindet, stirbt das Organ und mit ihm der gesamte Organismus. In der Pflanzenwelt ist das anders. Ganze Teile der Pflanze können eingehen. So etwas kann man sehr gut bei den berühmten Jahresringen der Bäume beobachten. Das Herz des Baums kann tot, ja sogar vollständig verschwunden sein, von Pilzen gefressen. Der Baum wird hohl. Aber das, was von ihm übrig ist, lebt weiter. Wenn man die Rekordhalter der Langlebigkeit betrachtet, zum Beispiel die kalifornischen Grannenkiefern, von denen manche fast fünftausend Jahre alt sind, erkennt man, daß diese Pflanzen schon sehr lange sehr alt sind und daß ein großer Teil von ihnen abgestorben ist. Die Pflanzen besitzen – so könnte man sagen – die Fähigkeit, Stück für Stück zu sterben.

– Und wer kann schon im Winter sagen, ob so ein Baum tot oder nur entlaubt ist?

– Das Spiel der Pflanzen mit Leben und Tod ist uns tatsächlich fremd. Das Extrem sind die ausdauernden Stauden, die unterirdische Kriechtriebe, Rhizome, im Boden haben, so wie das Maiglöckchen. Sie leben praktisch ewig. Sie haben im Frühling einen beblätterten Stengel, aber man kann die Blüten pflücken: Die Pflanze braucht sie nicht, um sich fortzupflanzen, das geschieht bei ihr im Boden … Sie besitzt eine Fähigkeit, sich fortzupflanzen, die überhaupt nicht mit der der Tierwelt zu vergleichen ist. Pflanzen haben außerdem eine erstaunliche Regenerationsfähigkeit. Kaum hat man den Rasen gemäht, schon wächst er wieder. Dabei handelt es sich jeweils um dieselbe Pflanze, nicht etwa um eine andere. Denn das Wachstum vollzieht sich bei den Gräsern von der Basis des Blattes aus, die nach oben wächst. Das heißt, auch wenn man den oberen Teil abmäht, wächst die Basis weiter. Es gibt zahlreiche Strategien der Regeneration und der Wiederbelebung. So trocknen die Moose beispielsweise während einer Dürreperiode aus und werden beim ersten Regen wieder lebendig …

– *Bestimmte Tiere sind allerdings auch in der Lage, beim Winterschlaf ihren Stoffwechsel zu verlangsamen.*

– Ja, in diesem Fall findet man die gleiche Strategie, wenn auch nicht so stark ausgeprägt.

– *Weil die Pflanzen nicht so komplex sind?*

– Weil ihre Lebensprozesse nicht so fein aufeinander abgestimmt sind. Bei ihnen ist die Arbeitsteilung und folglich auch die zelluläre Zusammenarbeit weniger entwickelt. Um es noch einmal zu sagen: Das Tier braucht alle seine Teile, um funktionieren zu können. Bei den Pflanzen ist das dagegen nicht der Fall. Und das hat entscheidende Konsequenzen. Nehmen wir einmal einen Baum, der Krebs hat. Wir erkennen einen riesigen Tumor, aber daran wird er nicht sterben. Denn da die Pflanzen weniger koordiniert sind als das Tier, kommt es nicht zur Bildung von Metastasen. Der Tumor bleibt begrenzt, die Pflanze isoliert ihn. Wir können das nicht. Wir können weder Holz noch neue Organe bilden. Die Pflanzen sind in dieser Beziehung stabiler.

– *Werden sie tatsächlich mit denselben Schwierigkeiten konfrontiert wie wir?*

– Die Probleme sind die gleichen, aber die Reaktionen sind anders. Die extreme Komplexität, die es uns ermöglicht hat, ein Gehirn zu entwickeln, mit dem wir denken können, wurde mit einem Mangel an Anpassungsfähigkeit auf zahlreichen anderen Gebieten erkauft. Es fängt damit an, daß wir auf Gedeih und Verderb von den Pflanzen abhängen. Ohne sie können wir nicht leben. Ob man Gemüse oder Fleisch ißt, immer sind die Pflanzen der Ursprung.

– *Und wir verdanken ihnen, daß wir atmen können.*

– Das auch ... Und wenn man sagt, die Pflanze sei abhängig von dem Boden, in dem sie wächst, daß sie sich nicht bewegen kann und daher schwächer ist, stimmt das so nicht. Es trifft womöglich auf die einzelne Pflanze zu, nicht aber auf die Arten, denn die können sich mit Hilfe ihrer Sporen und Samenkörner weit verbreiten. Das Samenkorn ermöglicht es der Pflanze nicht nur, sich in der Zeit fortzubewegen, sondern auch im Raum.

– *Sicher, aber sie kann sich den Weg nicht aussuchen.*

– Nein, sie besitzt nicht unsere Mobilität. Sie geht dahin, wo der Wind oder ein Tier sie hintragen ...

DIE HERRSCHAFT DER KONIFEREN

– *Man darf dabei nicht übersehen, daß uns das gelegentlich auch so geht. Kommen wir jetzt noch einmal auf die revolutionären Koniferen zurück. Wann sind sie zum erstenmal aufgetaucht?*

– Am Ende des Karbons, vor etwa 280 Millionen Jahren. Dank der Erfindung des Samenkorns haben sie dann die Herrschaft übernommen. Auch bei der Entwicklung von Bäumen waren sie sehr erfolgreich. Heute sind sie ausschließlich in dieser Form – als Nadelbäume – erhalten. Alle nicht baumartigen Koniferen sind verschwunden. Allerdings sind auch von den Baumarten nur noch wenige erhalten: sechshundert. Das ist etwa ein Fünfhundertstel der gesamten Pflanzenarten. So gut wie nichts. Da man überall Nadelbäume sieht, gewinnt man den Eindruck, daß es viele gibt, aber es sind nur viele Bäume der gleichen Arten, die man vielerorts angepflanzt hat. Und als Taiga bedecken sie von Natur aus riesige Gebiete im Norden Sibiriens, Europas und Kanadas.

– *Man findet sie auch noch in großen Höhen.*

– Ja, Höhen und Breiten. Unter kalten und rauhen Klimabedingungen harren sie besser aus als Laubbäume.

– *Das ist allerdings nicht sehr logisch. Die Laubbäume »überwintern«, indem sie ihre Blätter abwerfen. Eigentlich müßten sie doch resistenter sein als die Immergrünen.*

– Um das zu verstehen, müssen wir auf das Wasser zurückkommen, das in den Gefäßen aufsteigt. Es verdunstet zu 99 Prozent. Nur ein Prozent wird von der Pflanze zur Herstellung der Zucker verwendet. Der Verlust ist ungeheuer groß. Auf der anderen Seite sind die Bäume regelrechte Bewässerungsanlagen, die riesige Wassermengen in die Atmosphäre abgeben. Aus diesem Grund findet man über den großen Wäldern häufig Wolken. Außerdem regnet es in Waldgebieten öfter als in anderen Regionen. Warum also können die Koniferen kaltem Klima so gut widerstehen? Weil ihre Blätter sehr verkleinert und mit einer Schutzschicht, einer dicken Wachshaut – der Cuticula –, überzogen sind. Das Wasser zirkuliert in ihnen hundertmal langsamer als in den anderen Bäumen. In der Welt der Bäume verfügen die Koniferen über einen verlangsamten Lebensrhythmus, den Rhythmus eines Kaltblüters. Sie können sich daher in einen tiefen

»Winterschlaf« begeben, bei dem sie praktisch jeden Austausch mit dem Boden unterbrechen, solange die Erde gefroren ist. Im Winter sind sie sozusagen lebende Tote. Sie bewegen sich nicht, atmen weder ein noch aus und führen keine Photosynthese durch. Sie sind regungslos wie Statuen oder Mumien. So können sie selbst die grimmigste Kälte überdauern.

– *Aber es gibt doch auch in warmen Ländern Koniferen.*

– Sehr wenige. Am Äquator überhaupt keine. In den Tropen sind sie selten. Nadelbäume gedeihen vor allem in den kaltgemäßigten Klimazonen beider Hemisphären, wohin sie von den Laubbäumen zurückgedrängt worden sind.

– *Man denkt unwillkürlich an bestimmte Dinosaurier, die zur gleichen Zeit gelebt haben. An diese riesigen Ungeheuer, die man sich sehr schwer und unbeholfen vorstellt.*

– Ja, das kann man wirklich sagen. Sie halten den Rekord an Langsamkeit. Bei den mit den Koniferen verwandten Palmfarnen schwimmt der Samenfaden extrem langsam. Er bricht übrigens alle Größenrekorde: Er ist mit bloßem Auge sichtbar. Um im Inneren der Samenanlage fünf Millimeter zurückzulegen, braucht er sechs Monate! Bei der Kiefer braucht das Samenkorn wahnsinnig lange, um zu reifen: Im ersten Jahr sieht man nur winzig kleine violette Fruchtzapfen. Sie umschließen die jungen Samenkörner. Im folgenden Jahr entsteht an derselben Stelle ein grüner, und wieder ein Jahr später ein brauner, geöffneter Kiefernzapfen, dessen Samen bald darauf herausfallen. Das Ganze hat dann insgesamt zwei Jahre gedauert... Die schon erwähnten kalifornischen Grannenkiefern wachsen extrem langsam und leben fast fünftausend Jahre. Die Mammutbäume sind außerordentlich massiv und schlagen im Hinblick auf ihre Höhe und ihr Gewicht alle Rekorde. Die Koniferen zeigen tatsächlich eine gewisse Schwere und Langsamkeit in ihren Fortpflanzungsmechanismen, ganz im Gegensatz zu den Blütenpflanzen, bei denen alles sehr schnell abläuft.

JURASSIC PARK

– *Mit dem Perm ist das Erdaltertum abgeschlossen. Wie könnte man das Erdmittelalter charakterisieren, das dann beginnt?*

– Zunächst folgt die Trias. Auf der nördlichen Halbkugel gibt es nach der schrecklichen, frostbedingten Dürre nur noch einige wenige Pflanzen, und es spielt sich im Großen das ab, was wir im Kleinen zum Beispiel im heutigen China beobachten können: Weil der Boden nicht mehr durch die Wurzeln der Pflanzen festgehalten wird, führen heftige Schauer zu starken Erosionen. Es gibt riesige Überschwemmungen und umfangreiche Bodenabschwemmungen. Vor gut 200 Millionen Jahren beginnt dann der Jura mit seinem wärmeren und feuchteren Klima, das es den Koniferen, die die harten Bedingungen durchgestanden haben, ermöglicht, sich wieder zu entfalten. Jetzt entstehen ausgedehnte Nadelwälder, die jedoch eine bedeutend größere Vielfalt aufweisen als die heutigen.

– *Es gab einen größeren Artenreichtum?*

– Einen schier unendlich großen. Unsere heutigen Wälder bestehen doch nur noch aus einigen wenigen Arten: Kiefern, Fichten, Tannen und Lärchen ... Die Wälder des Jura bestanden aus mindestens zehntausend verschiedenen Arten, aus Koniferen sowohl mit Laub- als auch mit Nadelblättern ... Die Koniferen hatten damals den Höhepunkt ihrer Entwicklung erreicht, so wie die Dinosaurier, die zum gleichen Ökosystem gehörten ...

– *Jurassic Park!*

– Genau. Und gegen Ende dieser Periode, also vor etwa 160 Millionen Jahren, haben sich bestimmte Reptilien weiterentwickelt und sich in Vögel verwandelt. Hier und da tauchen die ersten Pflanzen mit auffälligeren Blüten auf. In den Wäldern ist grün nicht mehr die einzige Farbe und das Rauschen des Windes nicht mehr das einzige Geräusch.

– *Die Welt der Stille, die wohl zu Ende ging, als im Karbon der erste Laut eines Lurchs erklang, den zweifellos niemand gehört hat, liegt nun weit zurück.*

– Ja, der Wald ist jetzt so, wie wir ihn heute kennen.

4. Szene: Die Zeit der Strategien

Sie denken immer nur an das eine: Sie wollen verführen, um sich fortpflanzen zu können. Die Blütenpflanzen, die letzte große Neuerung der Pflanzenwelt, manipulieren die Insekten, die Säugetiere, ja sogar die Menschen, um ihre Ausbreitung zu sichern.

GRÖNLANDS PALMEN

– *Nach den Koniferen kommen wir jetzt also zu den Stars. Wann erschienen denn die auffälliger blühenden Pflanzen?*

– JEAN-MARIE PELT: Vor etwa hundert Millionen Jahren, in der Kreidezeit. Lange vor dem Aussterben der Dinosaurier, das sich vor nur fünfundsechzig Millionen Jahren auf ziemlich brutale Weise ereignete und den Beginn der Erdneuzeit markiert. Die Blüten sind in den tropischen Regionen entstanden. Die ungeheure Geschwindigkeit, mit der sie sehr bald die ganze Landschaft beherrschten und sich auf der gesamten Erde ausgebreitet hatten, versetzt die Botaniker immer wieder in Erstaunen. Aber wir befinden uns in der Kreidezeit auf Grund der Erwärmung wieder einmal in einer Periode, in der die Landschaft ziemlich einförmig war: Damals wuchsen vom Äquator bis zum heutigen Grönland Palmen.

– *Das Klima war demnach auch entsprechend feucht, und*

obwohl sich der Norden erwärmt hatte, herrschte im Süden keine übermäßige Hitze …

– Ja, die Vegetation war in allen Breitengraden ziemlich gleich. Nehmen wir zum Beispiel einmal die Region der Stadt London, die besonders sorgfältig untersucht worden ist. Dort gab es einen Wald, der dem heutigen indomalaiischen Tropenwald ähnelte. Das Klima war damals völlig anders als heute. Man schätzt, daß zu Beginn des Tertiärs vor ungefähr fünfzig Millionen Jahren die Durchschnittstemperatur in Paris zwölf Grad höher war als heute, und das ist eine ziemliche Differenz.

– Woher weiß man überhaupt etwas über das Klima vergangener Epochen?

– Indem man die Lehre des Charles Lyell anwendet, der 1830 das sogenannte Aktualismusprinzip aufgestellt hat. Es besagt: Wenn man Fossilien von Pflanzen findet, die es auch heute noch gibt, kann man daraus schließen, daß sich die Pflanzen in der Vergangenheit an das gleiche Klima angepaßt hatten wie die heute noch existierenden. Wenn man also heute in einer bestimmten Region Versteinerungen von Palmen findet, bedeutet das, daß es hier in dieser Periode – die sich an Hand der geologischen Schichten leicht bestimmen läßt – keine Eiszeit gegeben hat.

– Das heißt also, daß die Erde vor fünfzig Millionen Jahren ein tropisches Paradies gewesen sein muß …

– Damals gab es überall auf der Erde Magnolien, Ginkgobäume im Überfluß, Mammutbäume, Sumpfzypressen, Araukarien … Aber im Laufe des Tertiärs wurde es wieder kälter: An den Ablagerungen erkennt man, daß es in Paris zu dieser Zeit keine Palmen mehr gegeben hat. Es entwickelte sich ein warmgemäßigtes Klima, wie wir es heute vom Norden der Kanarischen Inseln oder vom US-Bundesstaat Louisiana kennen.

– *Heißt das, daß die Pflanzen, die wir heute als Exoten betrachten, damals tatsächlich auch bei uns gewachsen sind?*

– Eine ganze Anzahl davon mit Sicherheit. Nehmen wir zum Beispiel das Rhône-Tal. Vor den Eiszeiten war es hier besonders warm: Der sogenannte Rhône-Graben war offenbar eine Passage, durch die das südliche Klima nach Norden vordrang. Vor einer Million Jahren wuchsen hier Palmen. Lorbeerbäume waren genauso zahlreich wie auf der Nordseite der Kanarischen Inseln, wo sie heute noch ganze Wälder bilden, die viele Touristen aber nie sehen, weil sie sich nur für die Sonnenstrände auf der Südseite interessieren. Zwischen Marseille und Lyon wuchsen Ginkgobäume, Mammutbäume, Magnolien, Tulpenbäume, Zimtbäume, Avocadobäume... Sie alle findet man in Form von Fossilien im unteren Rhône-Tal.

FRAUEN UND KINDER ZUERST!

– *Trotz der extremen Dichte der Vegetation entsteht in diesem tropischen Dschungel eine faszinierende Welt... Welche Veränderungen haben es den Blütenpflanzen ermöglicht, sich so ausbreiten zu können?*

– Das Entscheidende ist nicht die Blüte. Die große Neuerung besteht darin, daß die Samenanlage jetzt mit einer schützenden Hülle, dem sogenannten Fruchtknoten, umgeben ist. Die meisten

Botaniker sprechen deshalb statt von Blütenpflanzen von Bedecktsamern oder, auf Griechisch, von Angiospermen. (Viele Fachleute verwenden den Begriff Blütenpflanzen aber – anders als wir hier – gleichbedeutend mit Samenpflanzen und fassen darunter die Angiospermen mit der Koniferenverwandtschaft zusammen.) Diese Samenanlage der Blütenpflanzen also liefert das Samenkorn, sobald der Embryo aufgehört hat, sich weiterzuentwikkeln. Im Fruchtknoten befinden sich die Samenanlagen, jede einzelne enthält wie in einer kleinen Schachtel einen weiblichen Vorkeim, der wiederum eine Eizelle in sich birgt. Es ist wie bei diesen bekannten russischen Puppen... Nach der Befruchtung werden aus den Samenanlagen Samen und aus den Fruchtknoten Früchte.

– Im Prinzip genau das, was sich später auch bei den Säugetieren abspielt.

– So ist es, sie zeigen die gleiche Tendenz, ihre weiblichen Zellen zu schützen.

– Waren die Pflanzen die ersten, die das erfunden haben?

– Diesen Schutz in ihrem Inneren, ja. Es handelt sich dabei um eine absolute Konstante des Lebens: Es geht vor allem darum, einen immer besseren Schutz für die Eizelle zu finden. Bei den Moosen gab es zunächst nur eine schützende Wand, die Blütenpflanze dagegen hat bereits vier davon. Die Eizelle wird im Laufe der Zeit immer besser geschützt.

– War dieser Drang der Arten, ihre Eizellen zu schützen, nicht ein bißchen überflüssig angesichts der Tatsache, daß die klimatischen Bedingungen zu jener Zeit so günstig waren?

– Nein, man darf nicht vergessen, daß alle Pflanzen miteinander konkurrieren. Darüber hinaus änderten sich diese günstigen klimatischen Bedingungen, unter denen die ersten Blütenpflanzen entstanden sind. Tatsächlich wurden diese tropischen Landschaften plötzlich von der Eiszeit des Quartärs überzogen, das vor zwei Millionen Jahren begann.

– Dadurch hat sich vermutlich die ganze Landschaft aufs neue verändert…

– Natürlich. Die Vereisungen haben alle Ökosysteme in Richtung Äquator gedrängt. Und diese Verschiebung, die im Tertiär in Gang gebracht wurde, verstärkte sich im Quartär noch erheblich. Im Laufe der letzten Million Jahre haben sich die Gletscher ständig auf und ab bewegt. Durch diese Bewegungen hat sich die tropische Vegetation weiter nach Süden verlagert. Auf dem Höhepunkt der Eiszeit befindet sich London am Ende eines Gletschers. In Paris, das ein kleines bißchen südlicher liegt, finden wir eine Vegetation wie in der Tundra, das heißt, keine Bäume, sondern im wesentlichen nur Flechten und Moose. Alpen und Jura sind wieder vollständig vom Eis bedeckt. Die Situation erinnert an das Perm, in dem die ersten Koniferen auftauchten.

– Das heißt, daß man in einigen tausend Jahren von Louisiana nach Alaska gekommen ist.

– Genau.

DIE ERFINDUNG DES HERBSTES

– Eine Veränderung, die für alle Lebewesen ziemlich schwer zu verkraften war. Gab es damals schon Menschen?

– Ja, Frühmenschen. Sie waren gezwungen, sich an die schrecklichen Kälteperioden anzupassen.

Auch die Bäume mußten bestimmte Überlebensstrategien entwickeln. Bei dem eiskalten Klima und dem gefrorenen Boden konnten sie das Wasser, das ihre Blätter durch Transpiration abgaben, nicht mehr ersetzen und vertrockneten regelrecht. Um überleben zu können, gingen sie deshalb dazu über, zu Beginn der kältesten Jahreszeit ihre gesamten Blätter abzuwerfen.

– In dieser Zeit begannen die Bäume also, vor dem Winter ihr Laub zu verlieren?

– Damals entstand der Jahresrhythmus, demzufolge die Bäume alle gleichzeitig ihre Blätter abwerfen. Es ist so, als würde die Kälte die Bäume putzen. In den Tropenwäldern fallen die Blätter zwar ebenfalls von den Bäumen, aber nicht alle gleichzeitig, und sie erneuern sich dann auch nach und nach wieder.

– Die Bäume haben also sozusagen den Herbst erfunden – und zwar erst vor weniger als zwanzigtausend Jahren.

– Das reicht zweifellos weiter zurück. Aber zu dieser Zeit geschah es fast vor unseren Augen. Man muß sich klarmachen, daß die Artenvielfalt der Bäume, die in den gemäßigten oder kalten Klimazonen wachsen und ihre Blätter abwerfen, bedeutend geringer ist als die der Bäume in den Tropen. In einem französischen Wald gibt es auf einem Quadratkilometer nur einige wenige Baumarten, während man in den Tropen auf der gleichen Fläche über hundert findet. Bei uns können nur die Bäume das Massensterben überleben, die gelernt haben, zu Allerheiligen alle Blätter abzuwerfen. Ein Teil der mediterranen Pflanzen überlebt es allerdings auf andere Weise. Ihre Blätter sind sehr zäh und mit einer dicken Cuticula überzogen, sie verlieren daher nur wenig Feuchtigkeit. Sie haben gelernt, die Trockenheit zu überdauern, und können aus diesem Grund auch der Kälte besser widerstehen. Auch die einjährigen Kräuter kommen gut mit diesen Bedingungen zurecht, sie sterben zwar ab, aber ihre Samen bleiben in der Erde und warten nur auf das Ende des Winters, um aufs neue zu keimen. In dieser Beziehung sind sie den Bäumen überlegen, man trifft sie deshalb auch weit häufiger in höheren Breiten an als in den Tropen. Bäume sucht man in den Tundren im Norden Sibiriens, in Alaska oder am Nordkap dagegen vergeblich.

– Kräuter im Kalten, Bäume im Warmen …

– Ja. In bestimmten Fällen läßt sich sogar eine Rückentwicklung von den Bäumen zu den Kräutern beobachten. So zum Beispiel bei den Pfingstrosen. Die verholzten Arten findet man vor allem in den Tropen, während die krautigen Arten besser mit kühleren Klimabedingungen zurechtkommen.

– Und unter diesen schwierigen Bedingungen entfalten sich die Blumen.

– Zuvor in den tropischen Regionen. Ihr erster Beitrag ist der Fruchtknoten, der einen zusätzlichen Schutz darstellt und aus dem die Frucht entsteht, wenn die Samen reif sind. Denn inzwischen befindet sich der Samen in einer Frucht. Es ist der Pollen, der auch die Bildung der Frucht auslöst. Dazu setzt er hormonelle Mechanismen in Gang, die die Information übermitteln, daß die Befruchtung stattgefunden hat.

DIE VERFÜHRUNGSKÜNSTE DER BLÜTEN

– Die Entstehung der ersten Blütenpflanzen ist auch für die Tierwelt ein wichtiges Ereignis.

– Ganz gewiß. Sie geben der Evolution der Insekten, mit denen sie Kontakt aufnehmen, einen gewaltigen Anstoß. Die Farne sind für Insekten giftig, deshalb hatten sie kaum etwas mit diesen zu tun. Auch für die Säugetiere waren die Farne zunächst giftig. Daß die Tiere sie nicht mögen, verschafft den Farnen in der Konkurrenz unter den Pflanzen einen Vorteil. Das ist zweifellos auch der Grund, warum sie bis heute überlebt haben. Die große Neuerung der Blütenpflanzen besteht darin, daß sie eine neue Art der Beziehung zu den Tieren aufnehmen. Sie machen sie zu Instrumenten ihrer Befruchtung. Die Verbreitung des Pollens wird von jetzt an durch die Vögel, vor allem aber durch die Insekten gesichert …

– Damit gleichen sie ihre ursprüngliche Schwäche aus, die darin besteht, daß sie nicht in der Lage sind, selbständig eine Ortsveränderung durchzuführen?

– Zweifellos, denn der Pollen muß sich verteilen. Er fliegt mit dem Wind. Das ist eine sehr aufwendige Methode, aber das macht den Pflanzen nichts aus. Sie produzieren solche enormen Mengen an Pollen wie wir an Spermien. Wenn es um männliche Keimzellen geht, ist die Natur verschwenderisch. Damit spart sie nicht. Die Beförderung durch den Wind war bis zum Auftauchen der Blütenpflanzen die Regel.

– Wie kamen die Tiere plötzlich dazu, Pollen von einer Pflanze zur anderen zu transportieren, und warum? Wie hat sich das abgespielt?

– Das Tier hatte nicht unbedingt die Absicht, Pollen zu transportieren, es hatte einfach Hunger und wurde durch einen bestimmten Duft von dem Pollen angezogen. Der Duft gefiel den Käfern, diesen Insekten, die nicht besonders geschickt, aber sehr gefräßig sind. Vor der Entstehung der Blütenpflanzen gab es bestimmte Palmfarne. Man hat festgestellt, daß die Käfer beim Fressen überall auf der Pflanze herumkrochen und dann zur nächsten Pflanze flogen, wo sie den Pollen, der noch an ihrem Körper haftete, abluden. Wir haben es also in diesem Fall mit einer Befruchtung zu tun, die sich keiner direkten Strategie bedient, sondern einfach Folge des Raubzugs eines Tieres ist. Daß der Pollen die Beute darstellt, trifft sich gut, denn genau der soll transportiert werden. Man kann also nicht sagen, daß die Blütenpflanzen die ersten waren, die von Insekten bestäubt worden sind, nur ist es bei ihnen die gängige Methode geworden.

– Und sie sorgten auf ähnliche Weise auch dafür, daß ihre Samen transportiert wurden …

– Genau so ist es. Und zwar ist hier die Frucht das Mittel, mit dem die Samen verbreitet werden. Wenn sie fleischig ist, ernähren sich sehr viele Tierarten – vor allem Vögel – von ihnen. Sie scheiden die Samenkörner mit ihren Exkrementen wieder aus, und zwar weit entfernt von dem Ort, an dem sie die Frucht gefressen haben. Bei den Koniferen dagegen fällt der Samen an den absolut ungünstigsten Ort: unter den Baum. Die Methode der Blütenpflanzen ist also erheblich effektiver.

– Haben sie den Wind als Transportmittel ganz aufgegeben?

– Nein. In unseren gemäßigten Zonen vertrauen noch immer zwanzig Prozent der Blütenpflanzen ihren Pollen dem Wind an. Zum Beispiel viele Waldbäume: Eichen, Buchen, Pappeln … Und die Gräser. Kurz, alle Pflanzen, deren Blüten kaum zu sehen sind. Da sie nicht von den Insekten abhängig sind, müssen sie auch nicht besonders auffallen. Auch für die Samenverbreitung sorgt bei zahlreichen Arten immer noch der Wind.

– Die Hubschrauber des Ahorns und die Fallschirme der Linde …

– Ja, und genauso werden die Löwenzahnsamen vom Wind in alle Himmelsrichtungen getragen … Es gibt aber auch Früchte, die trocknen und dann selbst ihre Samen mehrere Meter weit ausschleudern. Die gesamte Strategie der Blütenpflanzen zielt auf eine geschickte Befruchtung, und dabei spielt natürlich der Transport eine große Rolle.

DAS INZESTTABU

– Wir haben über Fruchtknoten, Samenkörner und Früchte gesprochen … Welche Funktion hat denn nun die Blüte?

– Solange die Knospe geschlossen ist, sind die grünen Kelchblätter der Blüte ein weiterer Schutz für die Eizelle. Die Blütenkrone, die sich dann öffnet, ist sozusagen das Reklameschild, das die Insekten anlockt. Im Inneren der Blüte sind die Staubgefäße angeordnet, die den Pollen produzieren, und ganz in der Mitte befindet sich der Stempel mit den weiblichen Zellen. Da Staubgefäße und Stempel nicht weit voneinander entfernt sind, könnte man denken, daß sie nicht auf die Insekten angewiesen sind, um die Zellen der beiden Geschlechter in Kontakt zu bringen. Aber Stempel und Staubgefäße stoßen nicht aneinander, denn sie sind nicht biegsam genug. Nicht einmal der Wind kann sie dazu bringen, sich zu berühren, außer in einigen ganz seltenen Fällen.

– *Wieso ist die Pflanze so sehr daran interessiert, daß ihre eigenen Staubgefäße ihren Stempel nicht berühren?*

– Um Inzucht zu vermeiden. Deshalb macht die Blüte sich für die Insekten attraktiv. Sie fliegen zu ihr hin und trinken den Nektar, den sie für sie produziert. Und gleichzeitig bleibt Blütenstaub an ihnen haften, der dann an den Stempeln aller Blüten hängenbleibt, zu denen sie anschließend fliegen.

– *Aber damit das funktioniert, müssen sie eine andere Blume der gleichen Art anfliegen, nicht wahr?*

– Sicher. Es gibt etwa 270000 Arten von Blütenpflanzen, von denen jede einen Pollen hat. An den Pollenkörnern läßt sich jede Art so sicher erkennen, als hätte man einen Fingerabdruck von ihr. Deshalb rekonstruiert man die Vegetationsgeschichte auch vor allem mit Hilfe der Pollen, denn die Blüten selbst sind zu empfindlich, um viele Spuren zu hinterlassen. Und von den Blättern ähneln sich viele, so daß sie kein gutes Unterscheidungsmerkmal sind.

– *Wie kommt es, daß die Pflanzen mit den bunten Blüten in einer ansonsten einförmig grünen Welt in einer relativ kurzen Zeit und in einer solchen Formenvielfalt entstanden sind?*

– Das ist tatsächlich sehr erstaunlich. 270000 Arten, die alles mögliche entwickelt haben…

– … darunter die Verführung! Vorher ging es nur um die Fortpflanzung. Die Blüten entfalten dagegen eine geradezu magische Wirkung: Sie haben Strategien entwickelt, um die Insekten zu verführen, und sogar auf uns verfehlen sie nicht ihre Wirkung. Wie die Insekten sind auch wir empfänglich für ihre Formen, ihre Farben und ihren Duft. Das geht so weit, daß wir uns mit ihrem Duft parfümieren, um selbst verführerisch zu sein. Lassen sich die anderen Säugetiere auch durch die Blumen anlocken?

– Ich weiß es nicht. Aber es stimmt, daß die Verführungskünste der Blüten außergewöhnlich sind. In Brasilien gibt es eine Orchideenart mit dem Namen *Catasetum*, deren Blüte nach Menthol duftet. Bestimmte männliche Insekten sammeln diese Duftstoffe von der Pflanze und markieren damit ein kleines Territorium. Dann kommen die Weibchen, und beide, Männchen und Weibchen, begegnen sich an dieser Stelle und kopulieren dort. In diesem Fall entfaltet der Duft sogar außerhalb der Blüte eine Anziehungskraft.

– Genauso, wie wenn wir Männer einer Frau Parfüm schenken.

– Richtig. Im Orient gibt es eine Fliege, deren Männchen sich von den Blüten der Apfelbäume den Duft holt und sein Weibchen vor der Kopulation damit parfümiert … Diese Insekten benutzen also den Blütenduft, um ihre eigenen Weibchen anzulocken, aber die Blumen haben den Spieß umgedreht. Sie täuschen vor, Insektenweibchen zu sein, um die Männchen anzulocken. Wenn diese dann kommen und versuchen, sich mit der Attrappe zu paaren, bedecken sie sich mit Pollen. Einige Orchideen beherrschen diese Täuschung meisterhaft.

– *Gibt es denn keine Tiere, die von Natur aus einen angenehmen Duft haben?*

– Nein. Chemisch sind die Tiere Nullen. Sie können in dieser Hinsicht so gut wie nichts. Nur die Pflanzen besitzen eine weit fortgeschrittene chemische Entwicklung.

– *Man stellt daher auch nicht viele Medikamente aus tierischen Molekülen her.*

– Nein. Die Tiere brauchen sich in dieser Beziehung nicht sonderlich anzustrengen, sie fressen die Pflanzen. Dadurch erhalten sie die vorgefertigten pflanzlichen Moleküle, die sie brauchen. So haben sie sich auf die Hormone spezialisiert, durch die die inneren Vorgänge ihres Organismus gesteuert werden. Die Pflanzen unterscheiden sich von den Tieren durch die chemischen Erfindungen, die sich auf alle möglichen Aspekte beziehen: auf bestimmte Hormone, aber auch auf Substanzen, mit denen sie die Bestäuber anlocken, andererseits auch auf solche, mit denen sie Räuber abschrekken. Die Chemie der Düfte ist in jedem Fall eine Chemie der Pflanzen.

– *Düfte, aber auch Formen und Farben. Alles an der Blüte dient der Verführung. Dagegen kommt es nicht so oft vor, daß man einen Tannenzweig oder einen Farn verschenkt …*

– Diese Frage hat Abbé Oraison, der auch Psychoanalytiker war, besonders beschäftigt. Er fand es merkwürdig, daß man bei einer Einladung der Dame des Hauses zwar Sexualorgane der Pflanzen als Gastgeschenk mitbringt, aber nie auf die Idee käme, statt dessen einen Hundepenis zu überreichen.

– *Schon seit hundert Millionen Jahren sind die Blüten-*

pflanzen Verführerinnen. Sie haben in dieser Beziehung einen großen Vorsprung ...

– Aber Verführung gab es schon vor den Blüten! Die Alge *Chlamydomonas*, ein Einzeller mit zwei Geißeln, tauscht ihre Chromosomen noch lange nicht mit jedem Partner aus. Wenn sich zwei Chlamydomonas-Zellen treffen, berühren sie sich mit dem Ende der Geißeln und vereinigen sich nach einer gewissen Zeit – vorausgesetzt, sie gefallen sich. Sonst zieht jede wieder ihres Weges. Nach der Paarung stoppen sie die Absonderung der chemischen Substanz, durch die sie sich vorher gegenseitig angelockt haben. Es gab also schon vor einer Milliarde Jahren Verführung zwischen zwei Algen. Tatsächlich taucht die Verführung zur gleichen Zeit auf wie die Sexualität, denn ab diesem Moment gab es die Möglichkeit, einen Partner auszuwählen. Und das abrupte Ende des Wunsches zu verführen, nachdem die Paarung vollzogen ist, hat sich von den Algen ebenfalls bis heute erhalten: Wenn die Befruchtung stattgefunden hat, welken die Blumen.

TÖDLICHE BLUMEN

– Post coitum, vegetale triste ... *Aber die Anziehungskraft der Blüten bleibt ein Geheimnis: Wir empfinden normalerweise bedeutend weniger, wenn wir verliebte Algen oder brünstige Ochsenfrösche beobachten. Die universelle Fähigkeit zur Verführung macht die Blumen so erstaunlich.*

– Ja. Die Blüten sind erst vor gar nicht so langer Zeit von den Pflanzen erfunden worden, wurden von ihnen bis zur Perfektion entwickelt, sind außerordentlich effizient und sogar in der Lage, ihre Umwelt zu manipulieren. Es gibt Blüten, die Insekten auf eine Art und Weise beeinflussen, die absolut außergewöhnlich ist. Sie benehmen sich manchmal wie Vampire und gehen sogar so weit, die Insekten zu töten …

– *Die fleischfressenden Pflanzen?*

– Auch … Diese Pflanzen fressen Insekten, aber nur mit ihren Blättern. Die Blüten sind nie fleischfressend. Es sind immer die Blätter. Aber es gibt auch sehr bösartige Blüten. So zum Beispiel bestimmte Orchideen, die die Insekten überlisten. Eines ihrer Blütenblätter imitiert ein Insektenweibchen und lockt dadurch das Männchen an. Dieses versucht dann, sich mit der Blüte zu paaren. Da dem Blütenblatt das dazu notwendige Organ fehlt, schafft es das natürlich nicht. Das Männchen ist jedoch so erregt, daß es trotzdem Sperma absondert, bevor es mit den Pollen weiterfliegt.

– *Das ist doch eigentlich nicht so böse. Höchstens das Insektenweibchen könnte etwas dagegen haben, daß eine solche Konkurrentin existiert.*

– Es gibt wirklich Schlimmeres, das stimmt. Bei den Blüten der Schwalbenwurzgewächse gibt es Strategien, die zweifellos grausamer sind, denn die Blüte wird zur Falle und fängt das Insekt in einer schrecklichen Klemmfalle. Auch beim Aronstab ist es ähnlich: Er richtet eine große grüne, weiße oder auch rote kronblattartige Scheide auf, was jedoch nicht, wie viele Leute glauben, eine Blüte ist, sondern eine Art Trichter. Er mündet unten in eine Röhre, in der sich ganz am Ende eine Kammer voller winzig kleiner Blüten befindet. Die Fliegen klettern hinein, aber wenn sie den Pollen von einer Blüte auf die anderen übertragen haben, bleiben sie im Inneren gefangen und sterben. In diesem Fall kann man mit Fug und Recht von bösartigen Pflanzen sprechen, die den Liebesdienst der Insekten mit Undank belohnen. Interessant ist, daß sie die Fliegen mit einem übelriechenden Duft anlocken, denn diese werden vom Aasgeruch angezogen. Aber es geht noch weiter: Manche Pflanzen nehmen sogar die weinrote Farbe und die Form verwesenden Fleisches an, und sie haben Haare, die an ein Tierfell erinnern. Das Ganze sieht dann so aus wie ein Tierkadaver. Für die Fliegen besitzt das eine große Anziehungskraft.

– *Das heißt, daß wir nicht alle Gerüche schön finden, die die Blütenpflanzen abgeben.*

– Manche sind sogar ausgesprochen abstoßend. So zum Beispiel der Duft der Drachenwurz, einer Pflanze, die im Süden Sardiniens wächst und einen ekelhaften Geruch verströmt. Auch in diesem Fall nehmen die Insekten, die durch den Duft angelockt werden, den Pollen auf, steigen in den unteren Teil der Röhre, befruchten die Blüten und bleiben drei Tage darin gefangen. Dann öffnet sich die Kammer wieder. Das Insekt, völlig erschöpft und mit Pollen bedeckt, erholt sich an der frischen Luft wieder ein wenig. Es fliegt hinaus und trägt den Pollen zu einer anderen Pflanze, fällt wieder in eine der Kammern, wo es diesmal völlig erschöpft und ausgelaugt stirbt; es hat den gleichen Fehler ein zweites Mal gemacht. Das haben die Insekten mit uns Menschen gemein, daß sie immer wieder dieselbe Dummheit begehen ...

DIE VORSICHTIGE ROSE

– *In kurzer Zeit haben also die 270000 Arten der Blütenpflanzen einen verblüffenden Erfindungsreichtum an den Tag gelegt. Warum hat diese Evolution aufgehört?*

– Sie hat wahrscheinlich gar nicht aufgehört. Das ist nur eine zeitliche Verzerrung. Wir betrachten alles unter dem Aspekt der Dauer eines menschlichen Lebens, wir überschauen also einen Zeitraum von etwa achtzig Jahren. Die Evolution erstreckt sich dagegen über Millionen von Jahren. Unsere Existenz ist zu kurz, um wirklich etwas herausfinden zu können. Zumal wir die Pflanzenwelt erst seit etwa 300 Jahren systematisch untersuchen. Das ist eine extrem kurze Zeit. Die Wissenschaftler haben sich dessenungeachtet die Frage gestellt: »Haben die Blütenpflanzen, nachdem sie die Eizelle mit dem Schutzmantel des Fruchtknotens umgeben hatten, noch einen weiteren Schutz entwickelt?«

– *Antwort?*

– Ja! Um die Fruchtknoten, die pflanzlichen »Eierstöcke«, zu schützen, packen manche Blüten ihren »Mutterleib« warm ein. Zum Beispiel die Rose. Ihre Fruchtknoten befinden sich in einem urnenförmigen Becher, den man gut sehen kann, wenn die Blume verblüht ist: es ist die Hagebutte. Bei den Wildrosen, wie den Hecken- oder Hundsrosen, wird sie rot. Ein weiterer natürlicher Schutzwall ist also aufgetaucht, der die weiblichen Organe der Blüte, und nur die, noch besser schützt. Bei der Rose gehen die Staubgefäße nach außen. Man hat bereits versucht herauszufinden, ob es eine Pflanze oder Blume gibt, bei der dieser neue Schutz Stempel und Staubgefäße schützt, also weibliche und männliche Organe.

DIE VERBORGENEN FRÜCHTE DES FEIGENBAUMS

– *Und?*

– Man hat den Feigenbaum gefunden. Das, was wir Feige nennen und essen, ist keine Frucht. Es handelt sich dabei vielmehr um ein Behältnis, in dem sich eine große Menge winzig kleiner Blüten befinden, komplett mit Stempeln und Staubgefäßen. Und aus diesen Blüten werden winzige Früchte, jene kleinen Kerne, auf die wir beißen, wenn wir Feigen essen ...

– *Aber wie bringt es ein Insekt fertig, den Pollen zu übertragen, wenn die Blüten so schwer zu erreichen sind?*

– Es gibt eine Art Geheimgang. Eine versteckte Tür. Ein kleines Loch, das kaum zu sehen ist und dem Stiel gegenüberliegt. Dort können die Insekten hineinschlüpfen.

– *Welches Insekt paßt denn durch so eine kleine Öffnung?*

– Es handelt sich hierbei um ein extrem spezialisiertes Insekt: die Feigenwespe. Sie ist nur einen Millimeter groß und legt ihre Eier in den Feigen ab. Ihre Larven entwickeln sich im Inneren, und indem sie sich von Blüte zu Blüte begeben, werden sie zu Instrumenten der Befruchtung. Dann verlassen sie die Pflanze wieder ... Möglicherweise wird sich diese Innovation des Feigenbaums in den nächsten fünfzig Millionen Jahren weiterentwickeln und ausbreiten ... Dann wird ein neuer Schutz von der Natur erfunden und beibehalten worden sein.

– *Wenn die Pflanzen ihre Geschlechtsorgane zu sehr schützen, besteht dann nicht die Gefahr, daß die Befruchtung immer schwieriger wird? Könnte das Ganze nicht schließlich kontraproduktiv werden?*

– Zweifellos. Aber niemand kann uns sagen, wie die Situation in zehn Millionen Jahren sein wird. Zumal der Mensch von heute womöglich ein solches Durcheinander in der Pflanzenwelt anrichtet, daß man sie nicht mehr wiedererkennen wird.

– *Es ist offenbar so, daß die Pflanzen alles in den Dienst der Fortpflanzung gestellt haben, um das Überleben ihrer Art zu sichern. Sie scheinen deshalb auch keine wirklich effektiven Abwehrmechanismen entwickelt zu haben, mit denen sich die einzelne Pflanze verteidigen könnte. Wie konnten sie trotzdem alle diese Millionen und Abermillionen Jahre überleben, in denen sie von den Insekten und Säugetieren gefressen und durch die Klimaschwankungen dezimiert wurden?*

– Sie haben durchaus Abwehrmechanismen entwickelt, zum Beispiel die Stacheln. Vor allem aber schützen sie sich mit den Mitteln der Chemie – auf diesem Gebiet leisten sie Hervorragendes. Viele Pflanzen sind giftig oder zumindest ungenießbar.

– *Es ist ihnen aber auf diese Weise bisher nicht gelungen, eine Heuschreckenplage aufzuhalten.*

– Auch nicht eine Invasion von Raupen. Aber auch ohne einen Eingriff des Menschen ist sie plötzlich von selbst zu Ende, und man findet Milliarden von toten Raupen. Ähnlich ist es mit den Schneehasen in Alaska, die sich alle zehn Jahre enorm vermehren und neunzig Prozent der Triebe der Pappeln und Erlen fressen. Dann aber produzieren die Bäume chemische Substanzen, die die Hasen abwehren. Selbst wenn die Tiere völlig ausgehungert sind, rühren sie sie nicht mehr an …

– Und wie läßt sich das erklären?

– In den Vereinigten Staaten haben I. T. Baldwin und J. C. Schultz vom Dartmoor College in New Hampshire Anfang der achtziger Jahre folgendes herausgefunden: Wenn man das Laub einer Pappel, eines Ahorns oder einer Eiche zu einem Teil vernichtet, produziert der Rest des Baumes Substanzen, die für die Pflanzenfresser in dieser Konzentration ungenießbar sind. Vor allem Tannine. Kurz gesagt, wenn man den Baum zu stark abfrißt, sorgt er dafür, daß er unverdaulich wird.

– Das ist sicher erstaunlich, aber es erklärt noch nicht, warum die Insekten oder die Säugetiere nicht einfach die Pflanzen gefressen haben, die noch verschont geblieben waren.

– Das haben sich die Forscher auch gesagt. Verblüfft mußten sie feststellen, daß die Blätter der benachbarten Bäume, die noch nicht betroffen waren, ihre Tanninkonzentration in der gleichen Weise erhöht hatten. Es gibt dafür nur eine vernünftige Erklärung: Die betroffenen Bäume müssen den anderen eine Art Alarmsignal übermittelt haben.

DER RÄTSELHAFTE TOD DER KUDUS

– Wie denn?

– In der Wissenschaft kommt es ziemlich häufig vor, daß man anfängt, sich eine Frage zu stellen, und feststellen muß, daß andere bereits an demselben Problem arbeiten. In Südafrika hat Professor

Van Hoven von der Universität Pretoria zur gleichen Zeit versucht herauszufinden, warum die Kudus, eine Antilopenart, die sich von Akazienblättern ernährt, praktisch neben diesen Bäumen verhungert sind und die Blätter nicht gefressen haben. Durch den Streß der Gefangenschaft allein ließ sich das Phänomen nicht ausreichend erklären, denn das Terrain war zwar eingezäunt, aber sehr groß. Van Hoven führte bei einigen der verhungerten Tiere eine Autopsie durch und stellte fest, daß ihre Mägen große Mengen dieser Akazienblätter enthielten, die aber wegen ihres hohen Tanningehalts für die Antilopen unverdaulich geworden waren.

– *Das ist zwar eine Bestätigung, aber läßt sich das Phänomen erklären?*

– Die Untersuchungen dauern noch an. Man hat ein Experiment durchgeführt, bei dem studentische Hilfskräfte mit Stöcken bewaffnet wurden, mit denen sie von den unteren Ästen der Akazien die Blätter abschlugen. Diese Blätter hat man dann viertelstündlich untersucht und festgestellt, daß ihr Tanningehalt regelmäßig anstieg, bis er nach zwei Stunden das Zweieinhalbfache des Anfangswertes erreicht hatte. Hundert Stunden nach dieser aggressiven Behandlung war der Tanningehalt der Blätter wieder normal. Dann hat das Forschungsteam das Experiment wiederholt und dabei bestimmte Bäume ausgespart. Alle, die sich im Umkreis von drei Metern um einen geschlagenen Baum befanden, steigerten ebenfalls ihre Tanninproduktion. Es gab also zwischen den Bäumen tatsächlich so etwas wie eine Kommunikation ...

– *Auf welche Weise?*

– Man stellte sich zuerst so etwas wie eine chemische Botschaft vor, die über die Wurzeln läuft. Aber kein Experiment konnte diese Hypothese bestätigen. Die Lösung fanden schließlich Baldwin und Schultz. Sie entdeckten, daß die Pflanzen mit Hilfe eines ganz einfachen Gases miteinander kommunizieren, das nur zwei Kohlenstoffatome enthält: Äthylen. Es handelt sich dabei um ein echtes gasförmiges Hormon. Wenn es von einer Pflanze abgesondert wird, wirkt es sich auch auf die benachbarten Pflanzen aus. Man wußte schon vorher, daß das Äthylen die Fruchtreifung fördert. Das ist auch der Grund, warum reifende Äpfel, die es in großen Mengen absondern, zum Beispiel daneben liegende grüne Bananen gelb werden lassen.

– Das Äthylen aktiviert also das Reifen der Früchte und die Tanninproduktion in den Blättern. Reicht das aus, um es als Kommunikationsmittel zu bezeichnen?

– Es spielt in jedem Fall die Rolle eines Signals. Im Jahre 1994 hat man die Entdeckung gemacht, daß es in Verbindung mit Methyljasmonat, einem gasförmigen pflanzlichen Hormon, das man kürzlich entdeckt hat, bei jungen Tabakpflanzen Gene aktiviert, die auf eine Abwehr von Parasiten spezialisiert sind.

– Wenn die Pflanzen so gute Chemikerinnen sind, warum benützen sie dann nicht auch noch andere Gase?

– Das machen sie. Aber wir stehen erst am Anfang der Erforschung dieses Phänomens. Man weiß heute, daß von Raupen angegriffene Maispflanzen einen Gascocktail absondern, mit dem sie Wespen anlocken, die dann die Raupen umbringen. Der Kohl bedient sich einer ähnlichen Strategie, wenn er von den berüchtigten großen Kohlweißlingen bedroht wird: Er sondert ein Gas ab, das eine kleine Wespe anlockt. Die legt dann ihre Eier zwischen die Larven der Kohlweißlinge, die dadurch teilweise zerstört werden.

DIE TAKTIK DES MARIENKÄFERS

– *Immer wieder werden die Insekten manipuliert…*

– Ja, aber einige von ihnen haben schon vor uns begriffen, wie sich die Pflanzen verteidigen. So achtet zum Beispiel ein mexikanischer Marienkäfer immer darauf, daß er vor dem Fressen ein Stück vom Kürbisblatt so herausnagt, daß es nur noch an wenigen schmalen Stellen befestigt ist, ähnlich wie bei der Perforation einer Briefmarke. Dann läßt er sich in der Mitte dieser Stelle nieder und frißt in aller Ruhe: Durch die Perforation des Blattes ist der Informationsfluß in dem Blatt so sehr gestört, daß es erst mit erheblicher Verspätung reagieren und toxisch werden kann. Am nächsten Tag geht der Marienkäfer zu einem anderen, mindestens sechs Meter entfernten Blatt und frißt dort in aller Ruhe weiter.

– *Warum haben die anderen Pflanzenfresser, wie zum Beispiel die Kudus, das nicht auch begriffen?*

– Einige haben den Zusammenhang zweifellos verstanden. Betrachten wir einmal das Verhalten der Pflanzenfresser: Sie halten sich nie sehr lange bei denselben Gräsern, Kräutern oder Gehölzen auf. Es sieht so aus, als seien sie wählerisch. Sie bewegen sich dabei scheinbar planlos von einem Ort zum anderen und beenden ihre Mahlzeit nie dort, wo sie sie begonnen haben, obwohl noch genügend appetitlich aussehende Weidepflanzen oder belaubte Zweige vorhanden sind … Möglicherweise haben sie bereits Erfahrungen mit den Abwehrmechanismen der Pflanzen gemacht, also mit der intensiven Tannin- oder Proteinproduktion, wenn sie zu lange an derselben Pflanze gefressen oder an derselben Stelle geweidet haben …

– *Die Geschichte der Pflanzen ist also noch nicht zu Ende, sie entwickeln sich immer noch weiter, und wir können noch viel von ihnen lernen.*

– Zweifellos. Und dieser Gesichtspunkt verleiht dem immer schnelleren Aussterben der Wild- und Kulturpflanzen eine noch größere Dramatik. Ja, auch die Nutzpflanzen sind inzwischen bedroht. Man nimmt bei ihnen riskante Genmanipulationen vor, obwohl heute niemand in der Lage ist, die langfristigen Auswirkungen einzuschätzen.

5. Szene: Immer der Sonne nach

Inzwischen gibt es auch die Säugetiere. Sie haben sich weiterentwickelt, der Mensch ist auf der Bildfläche erschienen. Seine Intelligenz ist unter allen Lebewesen einmalig, auch wenn er sie nicht immer gut einsetzt. Und er wird die Erde in kürzester Zeit total auf den Kopf stellen.

DER MENSCH, DIE KATASTROPHE

– *Wenn es stimmt, daß die großen Katastrophen der Motor der Evolution sind, dann sind die Menschen wirklich und wahrhaftig ein Motor!*

– JEAN-MARIE PELT: Ja. Wir Menschen sind für die Tiere und Pflanzen die letzte der großen Katastrophen.

– *Was die Tierwelt anbetrifft, so versucht man heute, wenigstens das zu retten, was von den zahlreichen Arten noch übriggeblieben ist …*

– Das trifft genauso auf die Pflanzenwelt zu. Deshalb nennt man die botanischen Gärten in Frankreich heute Konservatorien. Da sie jetzt verstärkt der Bewahrung dienen sollen, hat sich auch die Bezeichnung verändert.

– *Verschwinden denn viele Pflanzen?*

– Leider ja. Und das, obwohl wir noch gar nicht alle Arten, die es auf unserem Planeten gibt, erfaßt haben. Niemand kann deshalb genau sagen, wie viele Arten beispielsweise 1997 bei den schrecklichen Waldbränden in Indonesien vernichtet worden sind …

– *Das hat die Menschen natürlich nicht so sehr beschäftigt: Die Katastrophen, von denen sie selbst betroffen sind, waren für sie wichtiger als die der Pflanzen.*

– Das ist normal. Trotzdem komme ich nicht umhin, an das zu erinnern, was der große amerikanische Zoologe MacMillan im neunzehnten Jahrhundert zu einem ähnlichen Thema gesagt hat: »Der Schutz des Kondors und seiner Verwandten hat nichts damit zu tun, daß wir ohne sie nicht auskommen könnten. Es geht vielmehr um die menschlichen Qualitäten, die nötig sind, um diese Tiere zu retten. Denn das sind genau die, auf die wir angewiesen sind, wenn es darum geht, uns selbst zu retten.«

– *Aber viel prosaischer gesehen sind Pflanzen auch oft direkt nützlich, weil sie heilende Eigenschaften haben. So enthält zum Beispiel die Eibe eine krebshemmende Substanz, wie man erst kürzlich entdeckt hat.*

– Und man war gerade dabei, die Eibe aussterben zu lassen. Seit der Antike hat man sich vor dieser Pflanze gefürchtet, weil sie giftig ist. Sie hatte einen ziemlich schlechten Ruf.

– *Die Friedhöfe haben sie gerettet …*

– Genau. Deshalb sind die Eiben heute die ältesten Bäume Frankreichs. Man findet sie vor allem auf den Friedhöfen in der Normandie … Etwas Vergleichbares ist im Fernen Osten mit dem Ginkgo passiert: Man kannte nur noch einige wenige Reliktvorkommen, vor allem in den Tempelgärten der Pagoden. Inzwischen hat man festgestellt, daß diese Bäume Substanzen enthalten, die die Hirndurchblutung anregen …

PFLANZEN, DIE VOM MENSCHEN PROFITIEREN

– Es gibt aber auch Pflanzen, die sich gut an den Menschen angepaßt haben. Manche vermehren sich in seiner Nähe sogar besonders gut, so zum Beispiel der Holunder.

– Es sind Pflanzen, die von den Abfällen leben, die die Menschen zurücklassen. Wir haben es in diesen Fällen mit einer erstaunlichen Anpassungsleistung zu tun. Diese Pflanzen lieben Plätze mit hoher Stickstoffkonzentration, zum Beispiel Schutthalden oder Stellen in der Nähe von Viehtränken, wo viele Kuhfladen liegen. Wenn die Kühe dann weg sind, bedienen sich diese Pflanzen nach Herzenslust. Man nennt sie Ruderalpflanzen, vom lateinischen *rudera*: Schutt. Laien kennen wohl eher den Begriff »Trümmerflora«. Sie begleiten den Menschen, verwerten seine Abfälle und sind auf diesen Standorten sehr konkurrenzkräftig.

– Es handelt sich also um das pflanzliche Gegenstück zu den Ratten, Tauben oder Möwen.

– Genauso ist es.

– Also sind die Auswirkungen, die der Mensch auf die Natur hat, nicht immer negativ?

– Nein, das kann man nicht sagen. Vor allem seit der Einführung von Ackerbau und Viehzucht in der Jungsteinzeit, also seit etwa zehntausend Jahren, stellt der Mensch einen neuen entscheidenden ökologischen Faktor dar, der alle Gegebenheiten verändert. Und das Tempo dieser Entwicklung hat sich seit der Renaissance mit der Entdeckung und dem Bereisen weit entfernter Kontinente immer mehr gesteigert. Man hat Pflanzen von weit entfernten Orten nach Europa transportiert. In jedem

Fall über weit größere Entfernungen, als es die Samen mit Hilfe des Windes oder der Vögel hätten schaffen können. Die Entwicklung der Verkehrsmittel hat die Reisegeschwindigkeit der Lebewesen beträchtlich erhöht und zu entscheidenden Ortsveränderungen der Pflanzen geführt. Dieser neue Faktor läßt sich nur mit den großen Klimaveränderungen vergleichen, die die Verteilung der Pflanzen auf unserem Planeten bestimmt haben …

– *Warum gab es eigentlich in Europa die exotischen Pflanzen nicht oder nicht mehr, die in unserem Klima gut gedeihen und die die Menschen später mitgebracht haben?*

– Nach dem Ende der großen Eiszeiten vor etwa zwölftausend Jahren haben sich die Pflanzenarten, die – wie die Schwalben im Winter – in die Tropen geflüchtet waren, mit zunehmender Erwärmung wieder in Richtung der gemäßigten Zonen aufgemacht. In Amerika gab es für die Samen kein Hindernis: Alle großen Bergketten – die Appalachen, die Rocky Mountains oder die Kordilleren – liegen in nord-südlicher Richtung. In Europa stellt dagegen das Mittelmeer eine unüberwindliche Barriere dar. Aus diesem Grund sind in den Eiszeiten auch zahllose Arten ausgestorben, weil sie keine Möglichkeit hatten, sich in Richtung Süden zurückzuziehen. Als sich das Klima dann wieder erwärmte, waren die Pflanzen, die in Afrika wuchsen, nicht in der Lage, sich nach Norden zu verbreiten, so daß im Quartär die Flora Europas bedeutend ärmer ist als die in Asien oder Amerika.

ZURÜCK IN DIE HEIMAT

– *Das heißt doch, der Mensch hat dafür gesorgt, daß sich das wieder ansiedeln konnte, was durch die Kälte vertrieben worden war …*

– Teilweise. Nehmen wir zum Beispiel Nordamerika. Von dort haben wir die Robinie zurückgeholt, die meist irrtümlich als Akazie bezeichnet wird und sich heute vielerorts selbst aussamt. Der Name soll an Jean Robin erinnern, der sie gegen 1600 in Paris angepflanzt hat. Dort gibt es auch heute noch zwei uralte Exemplare. Die als Heckenpflanze beliebte Thuja – auch Lebensbaum genannt – hat Jacques Cartier im Gepäck mitgebracht. Der wilde Wein ist 1629 bei uns angekommen, die Sumpfzypresse 1640, der Tulpenbaum 1688, die als »Knallerbse« allgemein bekannte Schneebeere 1730, die Magnolienart *Magnolia grandiflora* 1737 … In diesem Zusammenhang muß man auch Ahorn-, Phlox- und Schneeballarten erwähnen …

– *Alle aus Nordamerika?*

– Alle Arten, die ich gerade aufgezählt habe, kommen aus Amerika, oder besser gesagt, sie kamen von dort zurück. Wir dürfen auch den Mammutbaum nicht vergessen, der erst nach der Eroberung des Westens zu uns gekommen ist. Ebenso die *Pseudotsuga,* die David Douglas im neunzehnten Jahrhundert mitgebracht hat. Sie wurde in großer Zahl als Forstbaum angepflanzt, und man kennt sie heute unter dem Namen Douglastanne oder kurz Douglasie. Diese Aufzählung ist bei weitem nicht vollständig, und man könnte für jeden Kontinent eine eigene Liste von importierten Pflanzen zusammenstellen …

– Der Mensch diente den Arten also als Verbreitungsmittel, genau wie der Wind oder die Vögel. Laufen wir so aber nicht Gefahr, eines Tages überall die gleichen Pflanzen anzutreffen?

– Ja und nein. Um sich an einem neuen Ort ansiedeln zu können, muß die Pflanze Bedingungen antreffen, die denen ihres ursprünglichen Lebensraumes entsprechen. Man kann diese Bedingungen künstlich herstellen, zum Beispiel in botanischen Gärten. In der freien Landschaft kann die Pflanze jedoch nur dann verwildern, wenn auch dort die Standortbedingungen stimmen. Letzten Endes entscheidet demnach immer noch die Natur, welche exotischen Arten sich ausbreiten. Auf der anderen Seite – das stimmt auch – findet man inzwischen in Regionen, die das gleiche Klima und in etwa gleiche Standortbedingungen aufweisen, zunehmend auch die gleichen Pflanzen.

KLEINES PFLANZENBUCH DER CÔTE D'AZUR

– Zum Beispiel?

– Man kann dieses Phänomen sehr gut beobachten, wenn man sich die Vegetation an der Côte d'Azur anschaut. Als Julius Cäsar nach Gallien kam, fand er einen Wald aus Steineichen und wilden Olivenbäumen vor ... Ich glaube, es gab damals nicht einmal die Aleppokiefer. Oder aber nur in sehr geringer Zahl auf den Kalkfelsen direkt an der Küste ... An manchen Stellen war die Vegetation damals verhältnismäßig dicht (obwohl man sie seit der Jungsteinzeit teilweise gerodet hatte), und es gab keine große Artenvielfalt.

– *Also ungefähr das Gegenteil von dem, was wir heute vorfinden.*

– Ja. Eine vollständige Liste der Pflanzen, die jetzt dort wachsen, würde zeigen, daß fast alle, die heute für die Region typisch sind, von weit her kommen. So zum Beispiel die Palmen, die auf der *Croisette* in Cannes oder auf der *Promenade des Anglais* in Nizza stehen. Sie wurden von den Kanarischen Inseln, aus Amerika oder aus dem Mittleren Osten importiert. Zu Cäsars Zeiten gab es in der Provence nur eine wilde Palmenart: die Zwergpalme, die man auch im südlichen Mittelmeerraum, in Marokko oder Algerien, antrifft. Die Zwergpalme ist erst vor etwa 150 Jahren aus ihrer letzten Zufluchtsstätte in der Gegend von Menton verschwunden.

– *Sie ist also durch größere Arten ersetzt worden, die man jedoch nicht mehr in ihrer Wildform antrifft.*

– So ist es. Es handelt sich dabei um Zierbäume. In Südfrankreich findet man darüber hinaus Eukalyptusbäume, die erst vor etwa 150 Jahren aus Australien eingeführt worden sind. Und dann die Mimose, das Wahrzeichen der Region um Nizza. Sie stammt ebenfalls ursprünglich aus Australien. Die Zitruspflanzen – Orangen-, Mandarinenbäume usw. – sind aus China nach Frankreich gebracht worden. Dort gibt es einen Landstrich, dessen Klima – lange, warme Sommer, kurze, milde und feuchte Winter – demjenigen der Mittelmeerküste entspricht. Aus Südafrika, wo das Klima gleichfalls ähnlich ist wie am Mittelmeer, kommen alle Pelargonien, die den meisten Leuten fälschlicherweise als Geranien bekannt sind.

– *Und auch die Petunien, die auf den Balkonen mit den »Geranien« wetteifern?*

– Die stammen aus Peru, wo man sie *petún* nennt. Aus Südafrika kommen auch die Aloe-Arten, die den Agaven ähneln, aber zum Teil einen Stamm haben. Die Agaven, die an den Eisenbahnböschungen stehen, stammen ursprünglich aus Mexiko. Auch der Feigenkaktus wurde aus Amerika eingeführt. Was die Platane anbetrifft, in deren Schatten man auf den Dorfplätzen Boule spielt und ohne die die *Place Mirabeau* in Aix-en-Provence nicht das wäre, was sie ist: Sie ist das Ergebnis einer spontanen Kreuzung zweier Platanenarten im botanischen Garten von Oxford im achtzehnten Jahrhundert. Sie stammt also von einer Pflanze ab, die im sechzehnten Jahrhundert aus der Türkei über Italien nach Frankreich gekommen ist, und von einer anderen Art, die aus Amerika stammt. Dieser Baum hat das Aussehen Südfrankreichs entscheidend geprägt.

– *Und auch das vieler französischer Straßen und Orte, die weiter im Norden liegen.*

– Die Bougainvillea hat Philibert Commerson, ein Botaniker aus Bougainville, im achtzehnten Jahrhundert aus Rio de Janeiro mitgebracht ... Wie Sie daran erkennen können, hat sich die Vegetation der Côte d'Azur in den letzten vier Jahrhunderten radikal verändert.

EIN RAUB DER FLAMMEN

– Aber wir sprechen bisher hauptsächlich von Stadtpflanzen. Im Hinterland, dort, wo Cäsar die Steineichenwälder angetroffen hat, gibt es nur noch die Garrigue, die immergrüne Strauchheide. Eben das, was von den Rodungen und Waldbränden übriggeblieben ist…

– Genau so ist es. Es handelt sich dabei um eine Sekundärvegetation, in der man es nicht für nötig erachtet hat, die Pflanzen anzupflanzen, über die wir gerade gesprochen haben. Der Wald hatte nicht genügend Zeit, sich zu regenerieren, weil ständig neue Waldbrände, für die die Menschen verantwortlich waren, entfacht wurden. Es hat schon immer Feuer gegeben, das durch Blitz entstanden ist. Es gibt sogar bestimmte Vegetationsformen, die gar nicht ohne Feuer auskommen. Der Chaparral in Kalifornien ähnelt zum Beispiel der südfranzösischen Garrigue und erneuert sich ständig durch das Feuer. In Südafrika regenerieren bestimmte Brände die Ökosysteme, indem sie erstens alte Pflanzen zerstören und zweitens die Keimruhe bestimmter Samen brechen. In der Mittelmeerregion werden heute aber neunzig Prozent der Waldbrände von Menschenhand gelegt, das heißt, unendlich viel mehr als früher. Die Vegetation hat daher bis zum Ausbruch des nächsten Brandes nicht mehr genügend Zeit, sich zu erneuern. Es kann sich also nur ein Sekundärbewuchs bilden, der mit der Zeit immer mehr degradiert, weil der Boden verarmt: Da die Erde nicht mehr von Baumwurzeln festgehalten wird, wird sie bei heftigen Regengüssen weggespült.

– Waren die Ökosysteme des Mittelmeerraumes denn nicht schon immer besonders anfällig?

– Zu Homers Zeiten war Griechenland von Wäldern bedeckt. Vier Jahrhunderte später beklagte Platon im »Kritias« bereits die Abholzungen. Er schreibt, daß die Berge Griechenlands an ein Skelett erinnern. Die Bodendegradation rund um das Mittelmeer hat also bereits in der Antike im Zusammenhang mit dem Bevölkerungszuwachs begonnen.

– Odysseus und seine Leute waren Seefahrer, und der Schiffsbau hat viel Holz verschlungen …

– Aber diese Entwicklung ist so alt, daß die Griechen von heute keine Erinnerung mehr an die Wälder haben, die zu Platons Zeiten im fünften bis vierten Jahrhundert vor unserer Zeitrechnung noch existiert haben. Die spanischen Kinder lernen dagegen noch heute in der Schule, daß Spanien vor einigen Jahrhunderten, also vor der exzessiven Entwicklung der Viehzucht, die im Zusammenhang mit dem Reichtum durch das peruanische Gold zu sehen ist, völlig von Wald bedeckt war. Man sagt, daß ein Eichhörnchen damals von den Pyrenäen bis nach Sevilla von Baum zu Baum springen konnte.

6. Szene: Wunder der Wüste

Weil der Regen die vom Wald entblößten Böden wegspült, dehnen sich die Wüsten immer weiter aus. Es begann in der dritten Welt. Aber es setzte sich auch in den hochentwickelten Ländern im Mittelmeerraum fort. Selbst im Norden muß fruchtbarer Boden Städten und Straßen weichen.

DER NAHRHAFTE WIND

– *War die Sahara schon immer so ausgedorrt?*

– THÉODORE MONOD: Nein, natürlich nicht. In der Jungsteinzeit war sie noch eine Savanne. Die Felsmalereien beweisen das. Westlich von Ägypten habe ich in der Libyschen Wüste zahlreiche Darstellungen von Giraffen gesehen. Nun aber ist dort seit langer Zeit kein Regen mehr gefallen.

– *Regnet es dort nie?*

– Nur sehr selten. Hin und wieder fallen ein paar Tropfen, denn es gibt auf der Erde keinen einzigen Ort, an dem es absolut nie regnet... Ich habe kürzlich ein Wadi besucht, in dem es einige Monate zuvor geregnet hatte. Ich konnte dort Pflanzen sammeln und auf diese Weise die Flora des Gilf Kebir ergänzen, die bereits etwa vierzig Arten umfaßt. Und das ist normalerweise eine extrem trokkene Region: Man kann dort über hundert Kilometer laufen, ohne eine einzige lebendige Pflanze zu Gesicht zu bekommen.

– Es gibt dort also Samenkörner, die jahrelang warten können?

– Bestimmte Samen warten tatsächlich seit der letzten Blühsaison, und die liegt manchmal Jahre zurück. Die anderen sind mit dem Wind gekommen. Der Wind, der aus Norden kommt, ernährt das Sandmeer, diese sechshundert Kilometer lange Dünenlandschaft. Ich glaube, das einzige Lebewesen, das man hier antrifft – und man muß schon genau hinschauen, denn es hat die Farbe des Sandes – ist eine flügellose Gottesanbeterin. Sie kann nicht fliegen, nur laufen. Wovon ernährt sie sich? Kannibalismus stellt für eine Art auf Dauer keine Möglichkeit dar zu überleben. Es muß also etwas anderes geben. Meiner Meinung nach leben diese kleinen Insekten von Beutetieren, die mit dem Wind herbeigeweht werden. Er spielt genau wie die Schmetterlinge und Libellen bei der Verbreitung der Samenkörner eine wichtige Rolle. Ich habe einmal mitten in dem unwirtlichen Saharateil Tanezrouft eine Libelle gefunden. Dabei weiß jeder, daß Libellenlarven im Wasser leben... Sie muß also in einem Palmenhain im Süden Algeriens geschlüpft sein und mit dem Wind Hunderte von Kilometern zurückgelegt haben.

ÜBERLEBENSSTRATEGIEN

– Wie können die Wüstenpflanzen in einer derart feindlichen Umwelt überleben?

– Diese Saharapflanzen sind dafür gut gerüstet. Man trifft hier zwei große Kategorien an: Eine Gruppe bilden die Pflanzen, denen die Dürre nichts anhaben kann, weil sie so lange warten können, bis der nächste Regen fällt – ganz gleich, wie lange das dauert. Sie sprießen erst, wenn der Boden feucht genug ist. Im Zentrum der Wadis werden sie bis zu einem Meter hoch, je weiter man sich jedoch von dem Flußbett entfernt und je trockener der Boden wird, um so kleiner sind sie. Die Pflanzen der anderen Gruppe nehmen den Wettstreit auf. Sie kämpfen mit allen möglichen Strategien gegen die Hitze und gegen die Dürre. Man findet in dieser Kategorie Pflanzen, die nicht einmal mehr einen Stengel haben. Ihre Blüten sitzen direkt auf dem Keimling. Die einen werfen ihre Blätter ab, die anderen ihre Zweige. Es gibt Gräser, die sich in sich selbst zusammenrollen, um ihre Spaltöffnungen vor der Außenluft zu schützen. Alle diese Abwehrmechanismen sind sehr interessant und beweisen den starken Überlebenswillen der Pflanzen. Sie können nur deshalb in der Wüste existieren, weil sie gelernt haben, auch der größten Dürre zu widerstehen. Natürlich sterben auch manche. Sogar die Akazien und der Affenbrotbaum … Aber die Affenbrotbäume stammen auch nicht aus der Sahara, sondern aus der Sahelzone.

– *Könnte man sagen, daß die Wüste für bestimmte Pflanzen sogar ein Zufluchtsort ist?*

– Ja, genau. Einige Arten kennt man nur in der Wüste. Sie haben sich angepaßt. In einer fruchtbareren Umgebung könnte es passieren, daß andere Pflanzen die Oberhand gewinnen und sie verdrängen würden.

– *Sind die Savannen der Jungsteinzeit wegen des Bevölkerungszuwachses zu Wüsten geworden?*

– Nein. Damals stand den Menschen noch nicht das gleiche Vernichtungspotential zur Verfügung wie heute.

– Vor etwa zehntausend Jahren haben sie den Ackerbau erfunden, aber ein bißchen später auch die Viehzucht. Die Vegetation könnte unter Überweidung gelitten haben…

– Nicht in der Jungsteinzeit. Die ersten Hirten lebten gemeinsam mit ihren Herden im Einklang mit der Savanne. In diesem Fall ist für die Zerstörung einmal nicht der Mensch verantwortlich zu machen, sondern die Klimaveränderung. Wußten Sie übrigens, daß man in Mauretanien fossile Blaualgen gefunden hat?

DIE SUCHE NACH DER MONODIELLA

– Gibt es in der Wüste noch eine Flora zu entdecken?

– Man hat in Australien interessante Sachen gefunden, und man wird vermutlich auch in der West-Sahara noch weitere Entdeckungen machen. Es handelt sich dabei jedoch stets um fossile Mikroorganismen. Die höheren Pflanzen der Sahara kennt man heutzutage ziemlich gut. Es gibt allerdings eine Pflanze, nach der ich seit langem forsche.

– Nach welcher?

– Ich habe sie am 18. März 1940 entdeckt. Damals war ich als Soldat in Tibesti und durfte die Grenze nach Libyen nicht überschreiten. Ich habe es aber trotzdem getan. Und das war gut, denn ich habe dort eine Pflanze gefunden, die dann später von dem Botaniker René Maire als Art beschrieben worden ist, und zwar sogar als neue Gattung.

– *Wie heißt sie?*

– *Monodiella flexiosa.* Es gab nur ein einziges Exemplar, und das ist verlorengegangen. Man glaubt, daß es in Algier ist, konnte es aber in den algerischen Herbarien nicht finden. Man sucht sie also immer noch überall.

– *Sind Sie nie wieder in den Süden Libyens zurückgekehrt?*

– Doch, 1996. Ich bin genau zu dem Ort gegangen, wo ich die Pflanze damals gefunden hatte. Im Jahre 1940 war dort eine sprudelnde Quelle, die sich Aîn Gongom nannte. Wie es so oft der Fall ist, entsprang sie an der Grenze zweier übereinanderliegender geologischer Formationen: unten der kristalline Schiefer, und darüber der Sandstein aus dem Ordovizium. Das Wasser sprudelte hier also im Überfluß aus der Quelle, und die Tubu-Nomaden haben dort ihre Kamele getränkt. Als wir 1996 dorthin zurückkehrten, war alles verschwunden. Die Quelle war versiegt. Es gab zwar noch einige schwache Reste an Feuchtigkeit, aber keine Monodiella mehr. Wir brauchen aber dringend ein zweites Exemplar, denn René Maire hat sie zwar sehr gut beschrieben, aber heute müßten wir ihre Chromosomen zählen.

– *Gibt es denn noch Hoffnung, daß man woanders eine findet?*

– In Tassili in der Nähe des Wadi Mihero. Das ist ein interessantes Gebiet. Es handelt sich um den letzten Ort, an dem man ein lebendiges Saharakrokodil gesehen hat; ich glaube, das war 1924. In der Sahelzone gibt es noch welche – im Tschad, in Mauretanien –, aber in der Sahara ist es damit vorbei. Und das, obwohl es dort einmal sehr viele gab: Man hat nördlich von Timbuktu in den Rückenpanzern von Krokodilen abgebrochene Angelhaken gefunden … Ich war vor kurzer Zeit in Tassili, aber nur in dem Gebiet, das oberhalb des Wadi Mihero liegt. Ich habe dort drei Enziangewächse gefunden, aber nicht das, was mich wirklich interessierte.

– *Ist die Monodiella auch ein Enziangewächs?*

– Die Monodiella ist schwer zu bestimmen … Wir besitzen von ihr nur noch Bruchstücke. Keine Blüten, keine Samen. Wir bräuchten also dringend Samen, um sie kultivieren zu können und von Spezialisten untersuchen zu lassen. Wir werden also weiter suchen …

– *Wie viele Pflanzenarten gibt es schätzungsweise in der gesamten Sahara?*

– Achthundert. Gegenüber viertausend in Frankreich.

– *Achthundert Pflanzenarten in einer Wüste, auch wenn sie riesig ist, das ist viel.*

– Aber es ist so. Immerhin fällt hin und wieder auch dort ein wenig Wasser vom Himmel.

– *Aber wenn es vielleicht nur einmal alle zehn oder zwanzig Jahre regnet, muß sich die Vegetation dann ziemlich beeilen, um das Wasser zu nutzen.*

– Das muß tatsächlich sehr schnell gehen. Professor Hagerup, ein dänischer Botaniker, der in Timbuktu die Bestäubung studiert hat, konnte beobachten, wie eine kleine Pflanze – die *Boerhavia repens* – innerhalb von acht Tagen keimte, wuchs, blühte und Samen bildete. Und dann starb sie. Sie hatte das getan, was zu tun war. Sie wußte genau, daß es im nächsten Jahr regnen würde: Timbuktu liegt in der Sahelzone, nicht in der Sahara, das heißt, dort regnet es jedes Jahr einmal. Acht Tage, um sich fortzupflanzen, ein Jahr Wartezeit, und dann beginnt das Ganze wieder von vorn. Die *Boerhavia repens* ist gerettet.

RESPEKT VOR DEM LEBEN

– Braucht die menschliche Art wirklich die Monodiella flexiosa und die Boerhavia repens? Es gibt Zukunftsforscher, die uns versichern, daß wir auch ohne einen Großteil der Natur auskommen können ...

– Man wird immer Wälder brauchen, um Holz zu gewinnen. Aber viel allgemeiner gesprochen: Die Natur – das ist das Leben! Und wir müssen das Leben respektieren. »Dieser Gedanke sollte sogar die Grundlage einer neuen Moral werden«, schrieb Albert Schweitzer. Er hat nicht das Wort »Respekt« gebraucht, sondern in deutscher Sprache von »Ehrfurcht vor dem Leben« gesprochen, denn das Wort »Respekt« hat in unserer Zeit seine tiefere Bedeutung verloren. Schließlich muß man heutzutage auch die rote Ampel oder den Zebrastreifen »respektieren« ...

– Trotzdem können die Tiere nicht ohne die Pflanzen leben, sie ernähren sich schließlich von ihnen. Und auch wir sind dazu verdammt, andere Lebewesen zu töten und zu essen.

– Das stimmt, wir haben keine andere Wahl. Allerdings sind wir nicht gezwungen, Wirbeltiere zu essen. Man könnte gut darauf verzichten. Dann bräuchten wir auch nicht so große Anbauflächen für pflanzliche Kulturen, nur um sie zu einem großen Teil an Schweine und Rinder zu verfüttern …

– In den Tropen und Subtropen verschwinden jeden Tag Hunderte von Pflanzenarten bei Brandrodungen, bevor sie überhaupt katalogisiert werden können …

– Diese Brände sind unglaublich, ein regelrechtes Verbrechen. Man weiß gar nicht, was die Pflanzen alles enthalten, die da in Rauch und Asche aufgehen. Vielleicht medizinische Wirkstoffe … Überall auf der Welt geht der Wald zurück. Sogar der Wald in den gemäßigten Zonen. Wenn er ähnlich wie ein Stadtpark bewirtschaftet wird, gibt es in ihm kaum noch Wildnis. Bleibt nur noch die Taiga. Aber dort lebt nur eine begrenzte Anzahl von Arten, während der tropische Regenwald, der immer weiter zurückgeht, reich ist wie das Meer. Er besteht außerdem genau wie das Meer aus mehreren übereinanderliegenden Schichten. Die lebendigste ist die oberste, also das Kronendach. Man hat begonnen, es zu erforschen. Da oben entwickeln sich Blüten, und es gibt dort sogar Erde, die sich in 45 Meter Höhe in den Astgabeln gebildet hat. Und Tiere leben oben im hellen Sonnenlicht.

DAS LEMMINGSYNDROM

– Stellt die Bevölkerungsexplosion der Menschheit eigentlich eine ernste Bedrohung für die Pflanzenwelt unseres Planeten dar?

– Wenn die Lemminge, diese kleinen Nager aus Skandinavien, zu zahlreich geworden sind, unternehmen sie auf der Suche nach neuem Lebensraum Wanderungen, die sie manchmal bis an die Küste führen. Dort stürzen sie sich dann ins Meer. Manche erreichen an anderer Stelle das Ufer, aber viele ertrinken. Dieser Trieb ist einfach unglaublich… Sobald sie genügend Nahrung finden, vermehren sie sich wie verrückt. Dann gibt es wieder zu viele von ihnen, und die Nahrung wird zwangsläufig knapp. Also machen sie sich erneut auf den Weg, der in den Tod führen kann.

– *Das Individuum zählt nicht, es geht um die Art, die sich auf diese Weise reguliert… Aber schließlich ist der Mensch ja kein Nager.*

– Nein, er ist ein Primat. Man möchte glauben, daß er sich vermenschlicht, daß er bereit ist, sich aus seiner Barbarei zu lösen… Aber nein, er bleibt bei seiner Vorliebe für Krieg und Gewalt.

Zweiter Akt

Die Invasion des Menschen

1. Szene: Die gezähmte Savanne

Der Mensch erscheint auf der Bildfläche. Jahrtausendelang lebt er als Jäger und Sammler. Dann aber tritt ein Ereignis ein, das für die Geschichte sowohl der Pflanzen als auch aller anderen Lebewesen von entscheidender Bedeutung ist: Er erfindet die Landwirtschaft.

VON AMEISEN UND MENSCHEN

– Es geschah vor etwa zehntausend Jahren. Zum erstenmal begann ein Vertreter des Tierreichs, der prähistorische Mensch, die Reproduktion und das Wachstum der Pflanzen zu seinem eigenen Nutzen zu kontrollieren und zu organisieren.

– MARCEL MAZOYER: Irrtum, der Mensch war nicht der erste. Schon seit Millionen Jahren kultivieren bestimmte Ameisenarten Pilze, während andere von ihnen Tiere züchten, und zwar Blattläuse.

– Jean-Marie Pelt hat uns erklärt, daß Pilze keine Pflanzen sind…

– Er hat recht: Sie sind keine richtigen Pflanzen und noch viel weniger Tiere… Aber trotzdem kann man in diesem Zusammenhang von einer echten Landwirtschaft sprechen. Es kommt auf das Prinzip an, das diese kleinen Tiere lange vor der Existenz des Menschen erfunden haben. Man hat kürzlich entdeckt, daß sie sogar in der Lage sind, Herbizide abzusondern, um zu verhindern, daß ihre »Felder« von »Unkraut« überwuchert werden.

– Trotzdem stellt das, was sich zu Beginn der Jungsteinzeit – dem Zeitalter der geschliffenen Steine – abgespielt hat, eine Revolution dar, die bedeutend weitreichendere Konsequenzen hat als die Symbiose zwischen Ameisen und Pilzen.

– Sicher. Die Auswirkungen, die die Landwirtschaft des Menschen auf die Welt gehabt hat, hat nichts mit der winzigen landwirtschaftlichen Nutzung der Ameisen gemein. Es erscheint mir trotzdem wichtig, nicht zu vergessen, daß auch schon andere Lebensformen zu erstaunlichen Leistungen fähig waren.

DIE VEGETATION IN DER STEINZEIT

– Wie sah die Erde kurz vor diesem Ereignis aus?

– Wenn man ein Inventar der Arten dieser Zeit zusammenstellen würde, fände man ziemlich genau das vor, was wir auch heute noch vorfinden. Eine Anzahl von Pflanzen – und auch Tieren – sind sicherlich verschwunden. Die Evolution hat seitdem nicht mehr viele Arten hervorgebracht, denn dafür sind zehntausend Jahre viel zu kurz. Was die Verteilung der Vegetation anbetrifft, so dürfte sie etwa so ausgesehen haben, wie sie aussehen würde, wenn der Mensch jetzt verschwände und den Planeten sich selbst überließe. Schon nach tausend Jahren sähe die Landschaft wieder genauso aus wie zu Beginn der Jungsteinzeit.

– Das Klima war also ähnlich?

– Ja. Die Würmeiszeit, der vierte und letzte Eisvorstoß, war vor etwa zwölftausend Jahren zu Ende. Das Packeis war geschmolzen, der Meeresspiegel wieder angestiegen. Überall herrschte ein ähnliches Klima wie heute. Abgesehen von bestimmten Orten, wo der Mensch zweifellos irreparable Schäden angerichtet hat, kann man sich vorstellen, wie die Welt von damals ausgesehen hat, indem man von der heutigen Situation auf die damalige schließt.

– Es hat aber doch zahlreiche Arten gegeben, die ihr Territorium erweitert haben und die es nicht wieder aufgeben, weil sie sich inzwischen akklimatisiert haben.

– Genau: Der Mensch hat viele Pflanzen von einem Kontinent zum anderen gebracht. Aber ich glaube nicht, daß sie die Vegetation in großem Maße verändern würden. Im hohen Norden fände man immer noch die Tundra, diese baumlose Kältesteppe. Etwas weiter südlich läge die Taiga, der sibirische, kanadische, finnische, norwegische und schwedische Nadelwald. Danach würde man allmählich den Übergang zum Mischwald beobachten können: eine Hälfte Koniferen, die andere Laubbäume – Birken, Eichen, Buchen … Dann käme der sommergrüne Laubwald der gemäßigten Zonen, den wir aus Mitteleuropa und Nordfrankreich kennen – nur als Urwald. Weiter nach Süden würden die immergrünen mediterranen Eichenwälder bis zum Atlasgebirge, also bis zum Rand der Sahara, reichen. Diese war vor zehntausend Jahren noch keine Wüste, vielleicht könnte sich dort wieder ein wenig Savannenvegetation ansiedeln. Dann kommt man zu den regengrünen tropischen Laubwäldern mit einer Trockenzeit und einer Regenzeit. Sie werden immer feuchter, je weiter man nach Süden kommt, und sie werden immer dichter, denn die

Niederschläge erreichen tausend bis fünfzehnhundert Millimeter ... Das wäre dann der tropische Regenwald, der immer ausreichend Wasser hat und immergrün ist. Natürlich wüchsen ein paar Pflanzen aus Amerika in Eurasien und einige europäische oder asiatische in Amerika ... Die Vermischung der Arten, die durch den Menschen verursacht wurde, ist sicher nicht mehr rückgängig zu machen. Aber dadurch haben sich die Landschaften nicht grundlegend verändert: Auch im unbeeinflußten Zustand wüchsen keine Palmen in Sibirien und keine Apfelsinenbäume in Irland.

– *War die Umwelt in dieser Zeit, also gegen Ende der Altsteinzeit, dem Zeitalter der behauenen Steine, bereits durch den Menschen verändert worden?*

– Mehr als man im allgemeinen annimmt. Seit die Menschen vor etwa fünfhunderttausend Jahren gelernt hatten, das Feuer zu beherrschen, haben sie es für ihre Zwecke genutzt – zunächst der *Homo erectus*, später der *Homo sapiens*: Sie trieben damit das Wild; sie brannten Flächen ab, damit die Arten besser wuchsen, die sie sammelten, und damit Kräuter besser austreiben und sich entwickeln konnten und so Pflanzenfresser anlockten ...

– *Wenn man alles anzündet, wächst es denn dann hinterher besser?*

– Gegen Ende der Trockenzeit ist die Savanne ein Dickicht aus abgestorbenen Pflanzen, die nach dem ersten Regen zu verfaulen und die neu aufkeimende Vegetation zu ersticken drohen. Durch die Brandrodung macht man das Terrain frei für die jungen Sprosse. Auf Korsika machen es einige Schafhirten auch heute noch so, und wir wissen, welche schlimmen Folgen das hat... Diese Methode wurde so ziemlich auf der ganzen Welt von den Jägern und Sammlern angewendet. In Amerika haben die Indianer auf diese Weise die Büffel in ihre Jagdgründe getrieben. Die australischen Aborigines legen auch heute noch vor Aussaat von Wildpflanzensamen, also vor dem ersten Regen, Feuer.

– In diesem Fall handelt es sich bereits um Landwirtschaft.

– Ja, aber da noch wilde Samenkörner ausgesät werden, betrachtet man sie als Übergangsform zur echten Landwirtschaft und spricht von einer Proto-Agrikultur. Die Aborigines stellen einen besonders interessanten Fall dar: Sie sind zwar nicht die einzigen Jäger und Sammler der Neuzeit, aber die einzigen, die bis vor knapp tausend Jahren überhaupt keinen Kontakt zu Menschen hatten, die Landwirtschaft betrieben. Dagegen sind zum Beispiel in Südamerika eine große Zahl von Jägern und Sammlern in Wirklichkeit ehemalige Landwirte, die in die Wälder zurückgekehrt sind.

– Das heißt, daß die Menschen schon vor zehntausend Jahren die Landschaft durch das Feuer verändert haben?

– Ein wenig. Das reichte natürlich noch nicht aus, um die Ökosysteme entscheidend zu verändern. Der Pflanzenbewuchs hat darunter kaum gelitten. Nach den Bränden wuchs die Vegetation schnell wieder nach, vorausgesetzt, die wiederholten Brandrodungen betrafen keine Regionen, die besonders empfindlich waren, so wie heute der Mittelmeerraum. Man kann also davon ausgehen, daß das Ökosystem nach den Eiszeiten, also zu Beginn der Jungsteinzeit, fast noch unberührt war.

DAS DORF ERFINDET DEN ACKERBAU

– *Man muß dazu sagen, daß es zu dieser Zeit noch nicht sehr viele Menschen gab …*

– Kurz vor der Entstehung der Landwirtschaft lebten auf der gesamten Erde weniger als zehn Millionen Menschen. Vielleicht sogar nur fünf Millionen. Dann aber kommt es zu einem rapiden Bevölkerungswachstum: Tausend Jahre vor unserer Zeitrechnung hatte sich die Bevölkerung bereits verzehnfacht.

– *Warum haben die Jäger-und-Sammler-Gruppen aufgehört herumzustreifen und sind Bauern geworden?*

– Als die Landwirtschaft entstand, waren diese Gruppen bereits seßhaft geworden. Es gab schon seit einiger Zeit Dörfer. Man hat sie an bestimmten Küstenabschnitten ausgegraben. Die Dorfbewohner ernährten sich vom Fischfang und vom Muschelsammeln – man hat erhebliche Mengen von Austernschalen gefunden. Deshalb hat man lange Zeit geglaubt, die Landwirtschaft sei in den ersten Pfahlbautendörfern an Seen oder Meeresküsten entstanden. Doch dann haben die Archäologen Dörfer entdeckt, in denen seßhafte Sammler gelebt haben, also weder ausgesprochene Fischer noch Jäger … Sie hatten sich nach der Klimaerwärmung in baumbestandenen Savannen oder in Wäldern mit Lichtungen niedergelassen, wo sie keine Versorgungsprobleme hatten. Im Nahen Osten hat man bei Ausgrabungen große Mengen von wildem Weizen, wilder Gerste und Hülsenfrüchten wie Erbsen oder Linsen gefunden … Darüber hinaus gab es auch Eicheln und Pistazien …

– *Handelte es sich damals schon um größere Siedlungen?*

– Nein. Die Dörfer waren klein und bedeckten etwa einen Viertel Hektar Land. Daraus können wir jedoch nicht auf die genaue Einwohnerzahl schließen. Es gibt allerdings verschiedene Hinweise, daß es sich um jeweils etwa hundert Leute gehandelt haben muß. Eine ziemlich große Zahl, wenn man bedenkt, daß sie ausschließlich vom Sammeln in ihrer direkten Umgebung, das heißt, in einem Umkreis von maximal fünf Kilometern, gelebt haben.

– *In welchem Garten Eden befanden sich denn diese Siedlungen der seßhaften Sammler?*

– Es gibt verschiedene Regionen; die bekannteste liegt im Nahen Osten: im heutigen Syrien und Palästina. Dort gab es im Überfluß Getreide und Hülsenfrüchte, die denen ähneln, die wir heute essen. Dort hat man Schafe, Ziegen, Schweine, Esel und Rinder gejagt ... Die Tiere, die heute unsere Haustiere sind und gezüchtet werden, waren dort fast alle in ihrer Wildform vorhanden. Auch in den nordchinesischen Lößgebieten wurde die Bevölkerung offenbar vollständig seßhaft. In Südmexiko kamen die Menschen dagegen zwar jedes Jahr zur Erntezeit an den gleichen Ort zurück, zogen aber anschließend wieder fort.

– *Das heißt, daß die Landwirtschaft nicht der Grund, sondern eher die Folge des Seßhaftwerdens war ...*

– Ja. Zumindest im Nahen Osten ist das sehr deutlich. Die Geschichte der Kulturpflanzen beginnt nicht mit einem Mangel, sondern mit einem Überfluß. Die Menschen gaben ihr Nomadenleben auf, weil sie alles, was sie brauchten, direkt vor ihrer Tür fanden. Und das hatte einen rapiden Bevölkerungsanstieg zur Folge, denn das Dorf bot einen besseren Schutz als die Zeltlager der Nomaden. Das Leben war hier leichter, die Frauen verloren weniger Kinder als auf den Wanderungen. Man hat festgestellt, daß die Dörfer, in denen die Landwirtschaft entstanden ist, in weniger als tausend Jahren erheblich gewachsen sind.

– *In welchem Ausmaß?*

– Sie haben sich um das Zehnfache vergrößert. Ihre Grundfläche nahm von 2500 Quadratmetern auf zwei bis drei Hektar zu. Und die einzeln stehenden Rundhäuser wurden von quadratischen, aneinandergereihten Häusern abgelöst. Das heißt, daß nicht nur die Grundfläche der Dörfer, sondern auch deren Bevölkerungsdichte zugenommen hat. Manche müssen über tausend Einwohner gehabt haben. Eine solche Zahl hätte man selbst unter günstigsten Bedingungen niemals allein mit dem ernähren können, was man in der direkten Umgebung fand.

WEISE WILDE

– *Es ist sehr unwahrscheinlich, daß sie sich daraufhin gesagt haben: »Nun, da wir langsam ein bißchen zu zahlreich werden, wollen wir einmal die Landwirtschaft erfinden.«*

– Sicher nicht. Um so weniger, als sich heute Spezialisten darüber einig sind: Es gab nichts zu erfinden.

– *Wie das?*

– Die Menschen der Jäger-und-Sammler-Kulturen kannten die Pflanzen wie ihre Westentasche.

Höchstens irgendwelche Gelehrten könnten mehr über Botanik wissen als sie. Ihnen war vollkommen klar, daß aus einem Samen, den man in die Erde bringt, eine Pflanze wächst. Und als am Ende der Altsteinzeit die Landwirtschaft entstand, wußten die Menschen das bereits seit Jahrtausenden. Als Nomaden haben sie jedes Jahr die Überreste von dem wiedergefunden, was sie bei ihrem letzten Aufenthalt zurückgelassen hatten: Die Samenkörner, die neben den Feuerstellen zu Boden gefallen waren, waren gekeimt ... Diese Menschen ernteten von Hunderten von Pflanzenarten, die alle irgendeinen Nutzen für sie hatten, sei es zu medizinischen Zwecken oder zur Ernährung. Sie wußten so gut Bescheid, daß sie sogar Giftpflanzen pflückten, so zum Beispiel den bitteren Maniok, und sie dann vor dem Essen so behandelten, daß die schädlichen Stoffe entfernt wurden. In manchen Fällen waren sie sogar in der Lage, Gifte zu isolieren, die sie für die Jagd gebrauchten. Seit Hunderttausenden von Jahren haben diese Menschen im Kontakt mit den Pflanzen gelebt und sie intensiv studiert, denn davon hing ihr Überleben ab.

– *Warum haben sie dann so lange gewartet, bevor sie ihr Wissen angewendet haben?*

– Sie haben es angewandt. Sie haben mit Sicherheit hin und wieder unter ganz bestimmten Umständen gesät.

– *Nie systematisch?*

– Nein. Es ist klar, daß der frühe *Homo sapiens* sich nicht von einem Teil seiner Ernte getrennt hat, um ihn später als Saat wieder auszubringen. Jäten, den Boden vorbereiten, säen, die jungen Pflanzen vor allen möglichen Räubern schützen, also kultivieren, das bedeutet Arbeit, sehr viel Arbeit. Unnütze Arbeit, solange man das, was man zum Leben braucht, ohnehin in seiner direkten Umgebung vorfindet. Sie haben deshalb nur einige seltene Pflanzen angebaut, an denen ihnen gelegen war.

– *Zum Beispiel?*

– Man hat entdeckt, daß einige Jäger und Sammler Tabak angebaut haben. Wie sie an die Pflanzen gekommen sind, weiß man nicht, denn eines ist sicher, in ihrem Gebiet gab es sie nicht. Möglicherweise hat die Landwirtschaft auf diese Weise begonnen, also mit Pflanzen, die offenbar eher unwichtig waren. Es ist durchaus möglich, daß der Tabak überhaupt die erste Pflanze war, die von den amerikanischen Menschen der Altsteinzeit angebaut worden ist … Wenn es ihnen an irgend etwas mangelte, wußten sie auch schon zu jener Zeit ganz genau, wie sie sich helfen konnten, indem sie das anpflanzten, was knapp geworden war.

DIE KULTUR GING DER AGRIKULTUR VORAUS

– *Welche Umstände sind dafür verantwortlich, daß an bestimmten Orten die Landwirtschaft eingeführt wurde, an anderen dagegen nicht?*

– Die Orte, an denen die Landwirtschaft entstanden ist, mußten drei Bedingungen erfüllen. Erstens: Die Menschen hatten sich in Dörfern angesiedelt. Zweitens: Sie wußten, daß man säen muß, um ernten zu können. Drittens: Sie hatten große Erfahrung im Sammeln der Arten, die später kultiviert wurden. So hatten zum Beispiel die Menschen im Nahen Osten gegen Ende der Altsteinzeit viel Erfahrung mit wildem Weizen, wilder Gerste, wilden Erbsen und Linsen sowie mit Flachs für ihre Kleidung ... Sie hatten sicherlich eine Küche und entsprechende Gerätschaften entwickelt ... Man hat ihre Sicheln gefunden, die mit sogenannten Mikrolithen bestückt waren: kleinen Feuersteinabschlägen in Form von Haifischzähnen, die an einem hölzernen Bogen befestigt waren. Sie hatten bereits flache Mahlsteine und Stößel, um aus Korn Mehl zu mahlen, das sie dann mit Wasser vermischt haben, um ihre Fladenbrote zu backen.

– Das heißt also, daß schon vor der Agrikultur die Anfänge einer Zivilisation zu erkennen waren.

– Unbedingt. Nachdem sich das Dorf also entwickelt hatte und bestimmte wilde Getreidearten langsam knapp wurden, was mußten die Menschen da schon Neues erfinden, um mit deren planmäßigem Anbau zu beginnen? Nichts ... Die wirklichen Schwierigkeiten dürften im sozio-politischen Bereich gelegen haben. Man mußte einen Teil der Ernte zurücklegen, um in der kommenden Saison säen zu können, und man mußte dafür sorgen, daß niemand diese Reserve angriff. Die ersten Aussaaten wurden wahrscheinlich um die Häuser herum ausgebracht. Später hat man dann andere geeignete Orte gefunden: Lichtungen oder angeschwemmtes Land an Fließgewässern, das die jährlichen Überschwemmungen abgelagert hatten ... Daraufhin mußte man ein Gesetz darüber erlassen, wer die Eigentumsrechte an der Ernte besaß – dort, mitten in der freien Natur, wo vorher jeder das

Recht gehabt hatte zu sammeln. Es war also nicht so sehr schwer, die Landwirtschaft zu erfinden, sondern vielmehr die Gesellschaft, die sie ermöglichte.

DIE URSPRUNGSORTE

– *Welche waren die ersten Kulturpflanzen?*

– Wie ich bereits gesagt habe: Man hat verschiedene Ursprünge gefunden. Das heißt, Orte, an denen die Landwirtschaft von selbst, ohne äußere Anregung, entstanden ist. Der nordamerikanische Raum ist der jüngste und auch der ärmste. Erst tausend Jahre vor unserer Zeitrechnung sind im Gebiet des Mississippi und Missouri Präriepflanzen kultiviert worden. Trotzdem verdanken wir dieser Gegend vermutlich eine wichtige Pflanze, die Sonnenblume. Mexiko in Mittelamerika und Peru in Südamerika waren dagegen besonders wichtige Ursprungsorte.

– *Welche Pflanzen wurden dort kultiviert?*

– In Mittelamerika waren es kurioserweise zunächst Gewürzpaprika und Avocado. Dann vor siebentausend Jahren Mais, Zucchini, Kürbis und Tabak ... Vor fünftausend Jahren wurden die ersten Bohnen und tausendfünfhundert Jahre später die Hochlandbaumwolle, *Gossypium hirsutum,* mit robusten Fasern, angebaut. In Peru hat man eine Tieflandbaumwolle, *Gossypium barbadense,* gezüchtet. Sie besitzt lange Fasern von höchster Qualität.

– *Gab es nicht schon eine ausgezeichnete Baumwolle ägyptischer Herkunft?*

– Das stimmt nicht ganz. In Ägypten wurde seit langer Zeit eine Baumwolle von mittlerer Qualität angebaut, die ursprünglich aus Indien oder Afrika stammte – das war die Baumwolle der Alten Welt. Allerdings ist die jüngste Geschichte der ägyptischen Baumwolle sehr interessant. Zu Beginn des neunzehnten Jahrhunderts entdeckte ein Industrieller aus Genf namens Jumel in einem jener kleinen botanischen Gärten, an denen sich die prominenten Ägypter am Ufer des Nils erfreuten, eine Pflanze von hoher Qualität. Er vermehrte sie, brachte seine erste Ernte ein, schickte die Ballen nach London, wo sie mit Klasse 1 beurteilt wurden, das heißt, es war die beste Baumwolle der Welt. Jumel hat dann Mehmed Ali, einen Albaner aus Mazedonien, der Pascha in Ägypten geworden war und heute als der Begründer des modernen Ägypten gilt, davon überzeugt, diese Pflanze anzubauen. Sie wurde exportiert und brachte dem Land die Devisen ein, die es brauchte, um seine Industrie aufzubauen und die Armee zu modernisieren. Mehmed Ali startete ein großes Bewässerungsprogramm für den Anbau dieser Baumwolle, das bis zum Beginn des zwanzigsten Jahrhunderts fortgeführt wurde. Das Ergebnis war, daß die Fellachen sowohl Baumwolle als auch Zuckerrohr produzierten – ein weiteres großes Projekt des Pascha. Sie bauten vor allem auch Klee an, mit dem sie ihre Kühe fütterten, außerdem Weizen und Mais für ihre eigene Ernährung. So konnte die Einwohnerzahl dieses Landes von drei auf fünfundsechzig Millionen steigen…

– Und diese Baumwollpflanze aus dem botanischen Garten kam ursprünglich aus Amerika?

– Ja, es handelte sich um eine Baumwolle der Art *barbadense.* Sie stammte also aus diesem äußerst fruchtbaren südamerikanischen Ursprungszentrum in Peru, dem wir auch mehrere Arten von Bohnen, die Lupine und vor allem die Kartoffel verdanken.

– *Auch die Tomate?*

– Nein, die stammt aus Mittelamerika. Die Azteken haben sie »tomatl« genannt. Ebenso wie viele andere, zum Teil sehr wichtige Pflanzen, etwa die Erdnuß oder der Sagolieferant Maniok, stammt sie nicht aus einem der Ursprungsgebiete der Landwirtschaft. Man darf nicht vergessen, daß sich die Landwirtschaft, nachdem sie erst einmal erfunden war, schnell ausgebreitet hat. Im Lauf der folgenden Jahrtausende sind dann viele Pflanzen kultiviert worden, und zwar so ziemlich auf der ganzen Welt. Wir sprechen im Augenblick jedoch nur über die Pflanzen, die als erste kultiviert wurden.

EUROPA UND AFRIKA – DIE ARME VERWANDTSCHAFT

– *Welche anderen Zentren gibt es noch?*

– In Asien natürlich China.

– *Wo Reis angebaut wurde.*

– Nein. Der Reis wurde erst bedeutend später kultiviert. In China begann die Landwirtschaft vor etwa 8500 Jahren in den heutigen Provinzen Shansi und Shensi. Diese Region ist sehr reich an Schwemmlöß und wird vom Hwang Ho, dem Gelben Fluß, durchquert. Sie liegt grob gesagt etwa fünfhundert Kilometer südwestlich von Peking. Die ersten Pflanzen, die dort angebaut wurden, waren

Echte Hirse und einige Gemüse, so zum Beispiel Kohl und Rüben. Mit anderen Worten, nicht sehr viel. Aber später hat Asien aufgeholt. Die ursprünglichen Zentren breiteten sich zuerst nach Nordwesten in Richtung Korea aus, wo Soja angepflanzt wurde. Erst als man das Tal des Yangtze im Südosten besiedelt hatte, pflanzten die Bauern der Jungsteinzeit zum erstenmal Reis an. Dann hat die landwirtschaftliche Revolution den gesamten südostasiatischen Raum erobert, und unzählige Pflanzen wurden kultiviert.

– *Wie war es in Afrika?*

– Von dort ist kein Ursprungsort bekannt.

– *Und in Europa?*

– Auch nicht. Dafür findet man an der Nahtstelle der beiden Kontinente das Ursprungszentrum des Nahen Ostens, das wichtigste von allen.

– *Jean-Marie Pelt hat uns erklärt, daß die Pflanzenarten, die während der Eiszeiten im Süden überlebt haben, Schritt für Schritt wieder in die inzwischen gemäßigten Zonen zurückgekehrt seien, nachdem das Klima dort milder geworden war. Allerdings nicht nach Europa. Die europäischen Samen haben es nicht geschafft, das Mittelmeer zu überqueren, als es in Europa kalt wurde. Viele sind daher ausgestorben, was zu einer entscheidenden Verarmung unserer Flora geführt hat. Im Nahen Osten ist das Mittelmeer dagegen kein Verbreitungshindernis, im Gegenteil, der fruchtbare Halbmond bildet eine Verbindung zwischen Ägypten und der Türkei. So erklärt sich womöglich der außergewöhnliche Reichtum dieser Region vor zehntausend Jahren.*

– Das ist sehr wahrscheinlich. In jedem Fall ist klar, daß der Nahe Osten eine Region des Überflusses und ein phantastisches Anbaugebiet war.

– *Und wie es aussieht, das allerfrüheste …*

– Vielleicht. Jedenfalls hat man dort 9500 Jahre alten Weizen gefunden, der bereits richtig domestiziert war … Es sieht sogar so aus, als hätte man im Nahen Osten noch vor dem Weizen eine andere Pflanze gezüchtet, eine praktischere Getreideart, die Gerste. Sie läßt sich in verschiedenen Jahreszeiten aussäen und paßt sich an unterschiedliche Böden an. Man kann diese Pflanzen als Grundlage der abendländischen Zivilisation betrachten: Weizen und Gerste für die Kohlenhydrate, Hülsenfrüchte – Linsen und Erbsen – für die Proteine und Flachs für die Textilien.

– *Auf der ganzen Welt dehnt sich also die Landwirtschaft aus, immer mehr Pflanzen werden kultiviert …*

– Ja, aber es bleibt noch eine Ursprungsregion übrig, die wir bisher nicht erwähnt haben. Ein kleines, aber erstaunliches Gebiet, das der Papua von Neuguinea. Vor zwölftausend Jahren haben sie im Tropenwald die Taro mit ihren stärkehaltigen Knollen kultiviert. Die Bewohner der Inseln im Pazifik haben im wesentlichen von dieser Pflanze gelebt, abgesehen von den Kokosnüssen und den Süßkartoffeln, die den Pazifik überquert haben müssen, denn sie stammen ursprünglich aus Südamerika. Wie mögen sie wohl gereist sein? Ein Geheimnis … Später haben der Reis und die vielen Pflanzen aus dem südostasiatischen Raum, also die aus China stammende Agrikultur, diese Landwirtschaft der Papua verdrängt …

– *Es gibt mithin auf unserem Planeten sechs verschiedene Ursprungsregionen der Landwirtschaft?*

– Ja. Aber um es noch einmal zu sagen: Man

darf diese Ursprungsorte nicht mit den Regionen verwechseln, wo später in einer bereits existierenden Landwirtschaft neue Arten kultiviert worden sind. So wie man im tropischen Afrika, wo die Getreidesorten aus dem Nahen Osten wegen des Klimas nicht zurechtkamen, andere Pflanzen angebaut hat, wie beispielsweise die Hirse, die Sorghumhirse und eine lokale Reissorte.

2. Szene: Die Domestikation der Getreidearten

Die ersten Bauern konnten sich nicht vorstellen, warum eine Pflanze sich allein schon dadurch verändern kann, daß man ihre Samenkörner in die Erde bringt. Tatsächlich paßten sich im Laufe der Jahre bestimmte Arten den Praktiken der Menschen an.

DIE SPREU TRENNT SICH VOM WEIZEN

– *Wie kann man mit Sicherheit sagen, daß eine Pflanze zu einem bestimmten Zeitpunkt oder sogar an einem bestimmten Ort kultiviert worden ist?*

– MARCEL MAZOYER: Die primitive Landwirtschaft besteht daraus, daß man Samenkörner von Wildpflanzen sammelt, sie aussät und erntet. Man hält einen Teil der Ernte zurück, sät erneut und erntet wieder. Und das über viele Jahre hinweg. Allmählich unterscheiden sich die Pflanzen, die man erntet, immer mehr von denen, die man beim erstenmal ausgesät hat. Das nennt man Domestikation. Allein durch die Kultivierung unterscheidet sich die Pflanze nach einer gewissen Zeit von der Wildform. Wenn man also in alten Sedimenten Reste von Pflanzen mit besonderen Merkmalen findet, weiß man, daß sie an diesem Ort bereits kultiviert worden sind, und zwar zu der Zeit, die durch das Alter der Schichten bestimmt wird, in denen man sie gefunden hat…

– *Aber die ersten Bauern haben doch noch keine Kreuzungen, Selektionen, Hybridzüchtungen und andere Manipulationen vorgenommen … Wieso haben sich die Pflanzen trotzdem verändert?*

– Es gab keine bewußte und willentliche Auslese, aber der Prozeß der Kultivierung an sich ist ein phantastischer Selektionsapparat.

– *Wie das?*

– Nehmen wir einmal als Beispiel die symbolträchtige Weizenpflanze. Sie gehört zu den sich selbst befruchtenden Arten. Das heißt, daß der Pollen jeder einzelnen Weizenpflanze ihre eigenen Samenanlagen befruchten kann.

– *Ein Fall von Inzucht, der bei Pflanzen selten vorkommt.*

– Allerdings nicht bei den Kulturpflanzen: Hafer, Reis oder Sorghumhirse besitzen dasselbe Merkmal. Wenn man also Weizenkörner sät, erhält man Ähren, die denen von Vater und Mutter in etwa ähneln und von ein und derselben Pflanze abstammen. Es sind in gewisser Weise reine Erblinien, deren Chromosomenpaare zwar nicht völlig identisch sind, die jedoch mit der Zeit die Tendenz zeigen, sich anzugleichen. Die genetische Vielfalt findet sich woanders: auf der Lichtung, wo die einzelnen Ähren verschiedenen Erblinien entstammen, so daß die Art insgesamt über einen großen Vorrat an Merkmalen verfügt. Man sät also um sein Haus herum Weizenkörner von unterschiedlichen Ähren, die man in der Savanne gesammelt hat …

– *Und jedes wird seine Merkmale zum Ausdruck bringen.*

– Genau. Zuerst wird es welche geben, die besser wachsen als die anderen, denn manche Samenkörner keimen überhaupt nicht. Dann kommt der

Sommer: Ende Juni, Anfang Juli sind die meisten Ähren reif, also wird geerntet. Einen Teil der Körner bewahrt man als Saatgut auf. Im nächsten Jahr sät man folglich nur die Linien, die gekeimt hatten und die Ende Juni reif waren. Wenn man das immer wieder so macht, zehnmal, hundertmal, hat man nach einem Jahrhundert eine ganze Anzahl von Erblinien aussortiert, die sich schlecht fortpflanzen oder eine schlechte Ernte bringen.

– *Welche?*

– Das kann man ganz genau sagen. Zuerst werden alle Körner aussortiert, die beim ersten Regen im Herbst nicht gekeimt sind.

– *Warum keimen sie nicht?*

– Bei vielen Wildpflanzen ist ein Mechanismus vorgesehen, den wir Keimruhe nennen, das heißt, daß bestimmte Körner ihre Keimung auf das nächste Jahr verschieben. Denn es kann passieren, daß in der betreffenden Saison nicht genügend Regen fällt oder daß die Regenzeit überhaupt ausbleibt. Damit aber die Art fortbestehen kann – und die Natur bemüht sich immer mit allen Mitteln, dieses Ziel zu erreichen –, sieht sie die Möglichkeit vor, daß bestimmte Körner erst ein oder zwei Jahre später keimen. Das ist der Sinn der Keimruhe. Die betreffenden Körner enthalten in ihrer Schale Substanzen, die das Keimen verhindern. Und je dicker die Samenschale ist, um so besser sind diese Hemmstoffe eingeschlossen ... Solche Körner werden beim Anbau gewissermaßen automatisch aussortiert. Nach ein paar Jahren besitzt man dann nur noch Halme, deren Körner eine dünne Samenschale haben und die daher sofort keimen.

– Also ist das Fehlen der Keimruhe, die unmittelbare Fruchtbarkeit, das Merkmal, das die Kulturpflanzen kennzeichnet?

– Nicht das einzige. Alle Pflanzen, die sehr viel früher reifen als die anderen, werden ebenfalls eliminiert, denn zur Zeit der Ernte sind ihre Samen bereits ausgefallen. Das gleiche gilt für die Exemplare, deren Stiel zu schwach ist und leicht abknickt, oder für die, deren Körner beim leisesten Windhauch abfallen. Dieses letzte Merkmal, das bei der Fortpflanzung in der freien Natur günstig war, verurteilt diese Pflanzen zum Aussterben: Die Körner, die zu Boden fallen, werden nicht geerntet, also auch nicht wieder ausgesät. Auf lange Sicht erhält man auf diese Weise Weizen, dessen Halme stabil sind, dessen Körner fest sitzen, dessen Ähren alle zur gleichen Zeit reifen und dessen Körner alle ohne Keimruhe jedes Jahr wieder auskeimen. Das, was den Erfordernissen der Kultivierung nicht entspricht, wird automatisch aussortiert.

DIE STÄRKE DES WEIZENS

– Man muß schon sagen, daß die Kultivierung einiges ganz gut gemacht hat.

– Sogar besser, als Sie sich das vorstellen können. Es ist offensichtlich, daß die Halme, die die meisten Körner tragen, auch mehr Nachkommen produzieren als die anderen. Das ist ein einfaches Rechenexempel. Die Ähren des Kulturweizens tragen daher bedeutend mehr Körner als die des wilden Weizens.

– *Phantastisch …*

– Und das ist noch nicht alles. In der Savanne konkurriert der Weizen mit allen möglichen anderen Pflanzenarten. Auf den Feldern haben sich die ersten Bauern sehr schnell daran gewöhnt, das Unkraut zu jäten, und haben auf diese Weise ein ganz besonderes Ökosystem geschaffen. Von jetzt an findet der Konkurrenzkampf im wesentlichen nur noch zwischen den einzelnen Pflanzen ein und derselben Art statt. Und welche wird ihn gewinnen? Diejenige, die ihre Wurzeln am schnellsten in den Boden bringt und höher wächst als die anderen, um möglichst viel Sonne zu bekommen. Anders ausgedrückt, die Pflanze, die zuerst keimt. Und diese frühe Keimung hängt von der Menge der schnell mobilisierbaren organischen Stoffe ab, die die Samenkörner enthalten, das heißt, von den Kohlenhydraten. Ausgewählt werden also die dikken Körner, die über einen großen Vorrat von Weizenstärke verfügen.

– *Man kann gut verstehen, daß die Menschen der ersten Ackerbaukulturen darin einen göttlichen Einfluß gesehen haben. Eine solche automatische Selektion hatte ja nur Vorteile.*

– So scheint es. Allerdings gibt es auch einen kleinen Nachteil: Die Körner des kultivierten Weizens sind zwar dicker und enthalten mehr Stärke, wie wir gesehen haben, aber sie verfügen im Vergleich zum wilden Weizen über weniger Proteine. Denn die sind im Keim, dem pflanzlichen Embryo, enthalten, und der ist ungefähr immer gleich groß, ob das Korn nun groß oder klein ist.

– *Wie lange dauert es, bis eine Kulturpflanze entstanden ist?*

– Da man das nie wieder ausprobiert hat, wissen wir nichts darüber.

– War bisher kein Mensch so neugierig, daß er die Kultivierung des wilden Weizens wiederholt hat?

– Offenbar nicht. Einige Wissenschaftler haben allerdings amerikanisches Präriegras ausgesät. Die Kultivierung hat ungefähr vierzig Jahre in Anspruch genommen. Aber damals hat das natürlich viel länger gedauert, in jedem Fall bedeutend länger als ein menschliches Leben. Das dürfte auch der Grund sein, warum man auf ein solches Experiment mit dem Weizen verzichtet hat.

– Warum hat dieser Prozeß so lange gedauert?

– Die Leute, die zu Beginn der Jungsteinzeit den wilden Weizen ausgesät haben, sei es Einkorn oder Emmer, die beide aus dem afrikanischen Buschwald stammten, haben in der nächsten Saison die Samen, die sie ihrer Ernte entnommen hatten, wieder mit anderen Körnern aus der freien Natur vermischt. Die Domestikation konnte erst beginnen, als sich die Körner aus eigenem Anbau gegen die gesammelten durchgesetzt hatten. Man kann daher davon ausgehen, daß sich die Züchtung des Weizens über mehrere menschliche Generationen erstreckt hat.

DER RUF DER WILDNIS

– Ließen sich alle Pflanzen so leicht kultivieren wie der Weizen?

– Nein. Das ist wie bei den Tieren. Bestimmte Arten lassen sich einfach nicht zähmen. Nehmen wir einmal das Zebra: ein großartiges Tier, schnell, robust... Aber es ist bisher noch niemandem gelungen, irgend etwas anderes aus ihm zu machen als das, was es ist. Während also die hauptsächlich selbstbestäubenden Pflanzen, wie der Weizen, stabil genug sind, bereiten die fremdbestäubten Arten, also die, die den Pollen einer anderen Pflanze derselben Art benötigen, den Bauern großes Kopfzerbrechen. Jedes Jahr werden sie wieder von wilden Pflanzen befruchtet. Um sie vollständig zu kultivieren, muß man die Pflanze also aus ihrer Ursprungsumgebung herausnehmen und in eine Gegend bringen, wo sie nicht wild vorkommt. Nehmen wir zum Beispiel die Hirse. Man muß sie isolieren und ständig alle wilden Hirsepflanzen in ihrer Umgebung zerstören. Wenn nämlich diese wilden Pflanzen die kultivierte Hirse befruchten, kehrt sie wieder zu einem Zustand zurück, der für den Anbau bedeutend ungünstiger ist. Solche Hybriden sind wirklich das Schlimmste: Wenn sie keimen, sehen sie genauso aus wie die Kultursorte, auch noch wenn sie heranwachsen. Selbst wenn die Ähre sich bildet, würde man noch immer sagen, daß es sich um die Kultursorte handelt. Dann, im Augenblick der Reife, fallen alle ihre Körner wie bei der Wildform einfach zu Boden... All die Mühe, die man aufgewandt hat, um eine Pflanze heranzuziehen, von der man geglaubt hat, sie sei eine Kulturpflanze, war dann umsonst. Es gibt keine Ernte.

– Beim Anbau von selbstbefruchtenden Pflanzen muß man sich darüber keine Sorgen machen.

– Halt, nicht so schnell: Die fremdbestäubten Arten pflanzen sich ausschließlich durch wechselseitige Bestäubung fort. Die selbstbestäubenden Arten sind dagegen nicht immer ausschließlich selbstbestäubend. Sie bleiben empfänglich für den fremden Pollen ... Der Reis ist hierfür ein gutes Beispiel. Die Jagd auf den wilden Reis, der heimlich die Kultursorten befruchtet, ist eine echte Abenteuergeschichte. Man hat alles versucht ... Man hat sogar Kultursorten mit roten Blättern gezüchtet, um die anderen Sorten ausfindig und dingfest machen zu können.

– *Und?*

– Die Hybriden haben ganz schnell auch rote Blätter bekommen. Diese Hybriden aus Wild- und Kulturform besitzen eine außergewöhnliche Fähigkeit, die Kulturpflanzen nachzuahmen. Wie die »Ackerunkräuter« nehmen sie bestimmte Merkmale der Kulturpflanzen quasi von selbst an, weil sie ja genauso behandelt, also auf dieselben Eigenschaften hin ausgelesen werden wie diese.

DIE DOMESTIZIERTEN CHROMOSOMEN

– Die ersten Landwirte konnten doch noch nicht wissen, daß ihre Arbeit so erfolgreich sein würde. Warum also haben sie ganz zu Anfang unter Tausenden von Pflanzen, die den Menschen im Nahen Osten zur Auswahl standen, den Weizen ausgewählt?

– Weil sie ihn schon seit Jahrtausenden gegessen hatten und weil er ihnen schmeckte. Ausgewählt wird immer eine Pflanze, die im Überfluß vorhanden ist und sich außerdem für die Küche eignet. Die Menschen bauen das an, was sie mögen. Erstaunlich ist eher, daß viele Arten wie der schon erwähnte Maniok gezüchtet wurden, den der Mensch erst essen kann, nachdem er ihn entgiftet hat.

– *Existiert der Urahn unseres Weizens denn heute noch?*

– Ja. In Wirklichkeit sind es zwei verschiedene Arten. Die älteste ist das Einkorn mit einem diploiden – also zweifachen – Chromosomensatz von je sieben Chromosomen. Er ist mutiert und hat den Emmer oder Zweikorn-Weizen gebildet, der mit tetraploidem – vierfachem – Chromosomensatz ausgestattet ist. Das ist der Vorfahre unseres Hartweizens, aus dem man zum Beispiel Nudeln, Grieß oder Kuskus macht.

– *Und das Brot?*

– Das ist wieder aus einer anderen Art, aus dem Weichweizen, der einen hexaploiden – sechsfachen – Chromosomensatz besitzt und das Ergebnis einer spontanen Kreuzung zwischen dem Emmer und einem nahe verwandten Gras namens Walch ist. Diese Hochzeit hat im Mittleren Osten während der Antike stattgefunden... Anders ausgedrückt, erst kürzlich.

– *Wie ist es zu den Mutationen gekommen?*

– Auf tausend verschiedene Arten. Nach dem, was wir wissen, kam es sowohl zu Artenkreuzungen als auch zu Veränderungen der ganzen Chromosomensätze... Mutationen der Lebewesen kommen häufig vor, sie sind der Treibstoff der Evolution: Wenn eine Mutation zu einer Schwächung des Einzelwesens führt, wird es eliminiert. Wenn sie jedoch eine bessere Anpassung an die Verhältnisse bewirkt, gewinnt dieses Einzelwesen – wie alle seine Nachkommen – einen Vorteil gegenüber seinen Konkurrenten. Es gibt zahlreiche mutationsauslösende Stoffe, so zum Beispiel das Colchizin, ein Alkaloid, das in den Herbstzeitlosen enthalten ist.

– *Die auf den Wiesen blühen …*

– Ja … Heutzutage führen auch bestimmte Unkrautvernichtungsmittel und Insektizide in Pulverform, die über die Pflanzen gestäubt werden, zur Entstehung von Monstrositäten. In Kuba habe ich eine Art »siamesische« Ananas gesehen, bei der vier oder fünf Früchte zusammengewachsen waren …

– *Sind das Unfälle?*

– Nicht nur. In der Saatzucht werden auch gezielt Mutanten erzeugt, um zu sehen, ob sie Vorteile bringen. In den meisten Fällen sind solche Entwicklungen jedoch nicht besonders interessant. Wenn die Zahl der Chromosomensätze erhöht wird, entstehen häufig Mutanten, die größer sind und deren Körner dicker sind, deren Gehalt an Nährstoffen – also Proteinen, Fetten usw. – jedoch stark abfällt. So kann man vom Einkorn zu dem äußerst ertragreichen Futterweizen für das Vieh einen erheblichen Qualitätsverlust feststellen.

– *Warum baut man ihn dann überhaupt an?*

– Weil er billig ist. Wenn man einen guten Weichweizen sät, erntet man bestenfalls neunzig Doppelzentner pro Hektar, beim Futterweizen kommt man dagegen auf hundertzwanzig Doppelzentner.

– *Welche waren die allerersten Pflanzen, die man auf der Welt angebaut hat?*

– Das ist schwer zu sagen. Wenn eine Pflanze noch nicht domestiziert war, kann man nicht wissen, ob sie angebaut worden ist. Man kann in dieser Hinsicht also nur Vermutungen anstellen. Nur wenn man an bestimmten Orten im Vergleich zur natürlichen Verteilung extrem viel Pollen findet oder Pollen von Pflanzen, die sich außerhalb ihrer Ursprungsregion befinden, so wie beim Tabak der Indianer, dann kann man davon ausgehen, daß diese Pflanzen angebaut worden sind... Viele Wildpflanzen sind wahrscheinlich angebaut worden, ohne Spuren hinterlassen zu haben, weil sie sich als nicht sehr nützlich erwiesen haben. Und man darf auch nicht die Pflanzen vergessen, die zwar nicht richtig gezüchtet und angebaut worden sind, aber von den Menschen bevorzugt wurden.

– *Das heißt?*

– Bestimmte nützliche Pflanzen sind bei der Rodung ausgespart worden, so zum Beispiel die Ölpalme in den Randgebieten des Regenwaldes, der Affenbrotbaum oder Baobab, dessen Früchte und Blätter verzehrt wurden, oder der Schibutterbaum, aus dessen Frucht man eine Art Butter machen kann. Diese Arten wurden geschützt und konnten sich deshalb entwickeln, ohne daß sie angebaut wurden.

DIE ODYSSEE DES WEIZENS

– *Nachdem die Pflanzen erst einmal domestiziert waren, hat sich wohl im Laufe der Jahrtausende nicht mehr viel getan.*

– Ich glaube doch. Die Bauern aus dem Nahen Osten haben den Weizen im Laufe ihrer Wanderungen mitgebracht. Und sie haben ihn an ihre Nachbarn weitergegeben. So hat sich der Weizenanbau auf dem Balkan, in den europäischen Mittelmeerländern und im Donautal ausgebreitet. Viel später als in Südfrankreich ist der Weizen über Ungarn und Deutschland im Norden Frankreichs angekommen. Er ist sehr langsam gereist: Es hat tausend Jahre gedauert, bis er vom Nahen Osten nach Bulgarien gekommen ist, und noch ein Jahrtausend, um Südbayern zu erreichen… Aber er kam voran. Von Osten nach Westen, von Süden nach Norden. Und jedesmal, wenn das Kulturgetreide eine neue Region erreicht hatte, wurde es wieder mit veränderten Klimaverhältnissen und sonstigen Umweltbedingungen konfrontiert. Dadurch kam es zu einer erneuten Auslese. Es ist klar, daß bestimmte Erblinien in Schweden durch die Kälte ausgemerzt wurden. Und die, die überlebt haben, waren nicht die gleichen Linien wie die, die in Äthiopien selektioniert worden waren. Auf den Reisen haben sich im Laufe der Zeit viele Mutationen ereignet, die an bestimmten Orten überlebt haben, an anderen dagegen nicht. Im gesamten Anbaugebiet des Weizens haben sich zahlreiche Sorten entwickelt: regionale Landweizensorten, Flachland-weizen- oder Bergweizensorten…

– *Und dann hat sich die Situation stabilisiert?*

– Nein. Als der Weizen Europa erreicht hatte, säte man ihn in der Regel nach Brandrodung aus. Man baute ihn also in einem Waldökosystem an, das provisorisch abgeholzt worden war. Das ist etwas völlig anderes als die Felder der Antike, die man nach dem Roden von Baumstümpfen gesäubert hatte. Dort handelte es sich um weit offene, sonnige Felder, deren Erdreich allerdings nach und nach magerer wurde. Hier dagegen mußte sich der Weizen zuerst einmal an den Wald mit viel Schatten, dafür aber fruchtbaren Böden anpassen. Später muß sich dort etwas Ähnliches zugetragen haben wie das, was zur Zeit an der Elfenbeinküste passiert ...

– *Mit dem Weizen?*

– Nein, mit der Yams-Wurzel, aber der Prozeß ist der gleiche. In dem, was von dem Regenwald der Elfenbeinküste übriggeblieben ist, pflanzt das Volk der Baule Yams-Wurzeln an, die den Schatten lieben. Die Senufo in der Savanne bauen Yams-Sorten an, die Sonne brauchen. Aber die ausgedehnten Rodungen der Baule verwandeln den Wald nach und nach in eine Savanne. Sie werden daher nur noch die Yams-Sorten anbauen können, die unter den neuen Umweltbedingungen gedeihen. Sie müssen also eine erneute Selektion vornehmen – oder aber die Yams-Wurzeln der Senufo übernehmen ...

– *Und das ist also auch mit dem Weizen passiert, als man die europäischen Wälder gerodet hat?*

– Genau. Die Sorten, die auf Waldlichtungen und auf gutem Humus, also extrem fruchtbarem Boden, aber mit wenig Licht und in Konkurrenz zu den Waldpflanzen gediehen, wurden nach und nach mit einem ausgelaugten Boden konfrontiert, hatten aber mehr Sonne und mußten mit Pflanzen verschiedener Lebensräume konkurrieren ... Dabei haben sich dann andere Linien durchgesetzt. Eine robustere, genügsamere Sorte überlebte auf Kosten der ergiebigeren Weizensorten. Es entwickelte sich eine wenig ertragreiche Landwirtschaft, die mit der starken Konkurrenz der »Unkräuter« zu kämpfen hatte.

DIE EINDRINGLINGE

– Warum war das »Unkraut« auf den Feldern eine stärkere Konkurrenz als das im Wald?

– Bei manchen Arten hängt es damit zusammen, daß sie immer wieder unfreiwillig zusammen mit dem Weizen selektioniert worden sind: Man baute sie an wie den Weizen und säte sie mit dem Weizen wieder aus ... Die anderen sind Arten, die alle Formen der Bodenbearbeitung überstehen. In den obersten zwanzig Zentimetern des landwirtschaftlich bearbeiteten Bodens findet man pro Quadratmeter mehrere Tausend Samenkörner, die dort ruhen. Sie keimen vielleicht in einem, in zwei oder erst in zehn Jahren ... Man glaubt, man hätte sich ihrer durch die Bodenbearbeitung entledigt, aber das ist eine Illusion. Eines Tages kommen sie an die Oberfläche und fangen an zu keimen.

– Nicht alle Wildkräuter sind groß genug, um mit den Kulturpflanzen auf ihrer geschützten Anbaufläche konkurrieren zu können. Welches sind die wichtigsten »Unkräuter«?

– Es gibt viele. Das hängt vom Standort und von den angebauten Kulturpflanzen ab. Dort, wo man Weizen anbaut, findet man die Quecke, deren Rhizome man niemals vollständig jäten kann. Dann die Distel, die Winde und auch all die anderen unverwüstlichen Pflanzen, deren Samen alle Versuche, sie zu vernichten, überleben: Hederich, Klatschmohn, Kornblume oder Sternmiere … Im Wald gibt es wegen des Baumschattens bedeutend weniger Kräuter.

– *Und der Flughafer?*

– Im Nahen Osten gab es keinen Hafer. Als unsere ersten Bauern begonnen haben, neue Gebiete zu besiedeln, sind sie auch mit neuen Pflanzen konfrontiert worden. Da der Flughafer eine Reifezeit hatte, die dem des Weizens oder der Gerste glich, haben sie davon auch ein wenig geerntet. Sie haben sich dabei kaum Gedanken gemacht, schließlich war er genießbar. Der Hafer wurde also mit angebaut, immer wieder ausgesät und so schließlich zum Saathafer domestiziert, bei dem die reifen Körner nicht mehr sofort ausfallen. Doch auch den wild wachsenden Flughafer, der den Menschen und seine Kulturen als »Unkraut« begleitet, gibt es heute noch immer.

– *Was ist mit dem Buchweizen, den die Bretonen für Crêpes verwenden?*

– Er hat nichts mit dem Weizen zu tun. Er ist ein Knöterichgewächs, das in Zentralasien irgendwo zwischen Afghanistan und der Mongolei kultiviert wurde. Die Araber haben ihn dann zu uns gebracht. Lange Zeit war er eine sehr wichtige Pflanze, denn sie wuchs auch dort, wo weder Weizen noch Gerste oder Roggen gedieh. Man hat Buchweizen an Hängen und auf höher gelegenen, nicht sehr fruchtbaren Feldern angebaut.

– *Kommen wir noch einmal auf den Weizen zurück. Die Rodungen haben also zu einem erheblichen Rückgang der Fruchtbarkeit geführt …*

– Ja, im Vergleich zur Jungsteinzeit hat der Weizen der Antike zweifellos eine Rückentwicklung durchgemacht. Von dem Augenblick an, wo man wußte, wie man die Erde durch Mistdüngung wieder fruchtbar machen konnte, erzielte man jedoch auch wieder bessere Erträge. Im Laufe der Zeit wurden wieder diejenigen Erblinien des Weizens ausgelesen, die in der Lage waren, von dieser Anreicherung des Bodens zu profitieren.

GEDOPTE PFLANZEN

– *Jetzt kommen wir allmählich in die heutige Zeit.*

– Die Evolution hat sich beschleunigt. Nachdem man die Bodenfruchtbarkeit durch das Ausbringen mineralischer Dünger erheblich gesteigert hatte, mußte man Pflanzen – diesmal bewußt – züchterisch auslesen. Pflanzen, die mehr Dünger brauchen, müssen größere Erträge bringen, damit sich der Aufwand lohnt. Wenn man dem Weizen zur Zeit unserer Großeltern soviel Stickstoff gegeben hätte wie heute, wäre er eingegangen. Bestenfalls hätte er mehr Blätter und hohe Halme bekommen und wäre dann umgefallen.

– *Dopingunfälle. Nitrate für den Weizen, Hormone für die Kälber: das sind unschöne Geschichten.*

– Das stimmt, denn als man zu Anfang die Nitrate ein wenig zu hoch dosierte, legte sich das Getreide flach. Und nicht etwa wegen eines Gewitterregens. Man mußte also eine Weizensorte züchten, die einen kurzen Halm hatte und bei Düngung statt vieler Halme und Blätter mehr Körner hervorbrachte.

– *Wozu dient heute die Selektion?*

– Beim Weizen, beim Reis oder irgendwelchen anderen Getreidearten hat man sich bemüht, bestimmte Sorten zu züchten, die möglichst hohe Erträge bringen. Aber die sind so leistungsfähig, daß sie alle alten, regional angepaßten Landsorten verdrängen, die die Landwirtschaft seit zehntausend Jahren entwickelt hat. Diese sehr unterschiedlichen Sorten stellen jedoch einen enormen Reichtum dar: Der Weizen aus Morvan war anders als der aus Beauce… Wie wir bereits gesehen haben, ist eine einzelne Linie des Weizens nicht sehr anpassungsfähig: Wenn sich die Umweltbedingungen verändern, läuft sie Gefahr, nicht überleben zu können. Die Anpassungsfähigkeit, das heißt, die genetische Vielfalt, liegt also in der Vielzahl dieser Sorten, die auf dem besten Wege sind zu verschwinden.

– *Findet man dieses Phänomen auch bei anderen Kulturpflanzen?*

– Bei fast allen. Man beobachtet überall auf der Welt, wie die Vielfalt der Lebewesen verarmt.

– *Ist das denn wirklich gefährlich?*

– Manchmal degeneriert eine Sorte ein bißchen. Sie verliert bestimmte Merkmale wie Robustheit, Farbe oder Geschmack… Früher hat der Bauer sie dann wieder mit einer benachbarten Sorte gekreuzt, um sie gewissermaßen wieder munter zu machen, damit sie ihre alten Eigenschaften zurückgewinnt. Heutzutage hat man dagegen fast alle alten Landsorten aufgegeben. Das geschieht so schnell, daß man kaum Zeit hat, sie zu sammeln, zu katalogisieren, zu schützen… Und nicht alle

Länder hatten die Mittel, agrarbotanische Gärten einzurichten, um die Sorten zu retten, die nicht mehr angebaut wurden. Man hat das genetische Erbe der Kulturpflanzen verarmen lassen und läuft nun Gefahr, in Zukunft darunter zu leiden. Heute bemüht man sich endlich darum. Man versucht zu retten, was noch zu retten ist. Aber man hat sich das zu spät überlegt. In Vietnam sind beispielsweise erst vor kurzem zahlreiche Reissorten verschwunden, die durch die Konkurrenz der ertragreicheren Sorten buchstäblich weggefegt worden sind.

– *Trotzdem beobachtet man einen immer größer werdenden Markt für Wildreis …*

– Das sind Köder … Basmati-Reis, Kaschmir-Reis oder Thailand-Reis, wie wir sie in den Regalen der Supermärkte finden, sind nur sehr ertragreiche Sorten, denen man wieder ein bißchen Varianz verpaßt hat. Sie sind zwar wirklich in den Ursprungsgegenden angebaut worden, so wie es auf der Verpackung steht, aber sie enthalten kaum noch Merkmale der echten regionalen Reissorten.

– *Wie viele Kulturpflanzen gibt es eigentlich?*

– Im Jahrbuch der FAO, der Food and Agriculture Organization der UNO, gibt es eine Liste der Pflanzen, deren Produktion weltweit statistisch erfaßt wird. Das sind die, von denen große Mengen produziert werden. Daneben gibt es noch andere, wie die Getreidearten Eleusine und Tef in Äthiopien, die nur regionale Bedeutung haben … Insgesamt stehen nicht viele Arten auf der Liste: Wenn man die Futterpflanzen und Arzneipflanzen wegläßt, kommt man auf knapp achtzig Arten.

WELTWEITES INVENTAR

– *Und wie verteilen sie sich?*

– Acht Getreidearten: Weizen, Reis, Gerste, Mais, Roggen, Hafer, Hirse und Sorghum- oder Mohrenhirse. Aber diese Aufzählung sagt nichts darüber aus, welchen Anteil die einzelnen Getreidearten am weltweiten Anbau haben. So wird alleine auf 230 Millionen Hektar Land Weizen angebaut, was einer Jahresproduktion von über 600 Millionen Tonnen entspricht. Mais kommt auf knapp 500 Millionen Tonnen auf 130 Millionen Hektar; Reis (ungeschält) auf fast 600 Millionen Tonnen auf 150 Millionen Hektar, was 400 Millionen Tonnen weißem Reis entspricht; Gerste, aus der Bier gebraut wird, auf 170 Millionen Tonnen auf 75 Millionen Hektar; Sorghumhirse nur 60 Millionen Tonnen auf 43 Millionen Hektar und Hirse auf 30 Millionen Tonnen auf 37 Millionen Hektar.

– *Und außer den Getreidearten?*

– Die Statistik erfaßt fünf Wurzeln und Knollen: Kartoffel, Süßkartoffel, Maniok, Yams-Wurzel und Taro; acht Hülsenfrüchte: getrocknete Bohnen, getrocknete dicke Bohnen, getrocknete Erbsen, Kichererbsen, Linsen, Sojabohnen, Erdnüsse, Rizinussamen; neun Ölpflanzen: Sonnenblume, Raps, Sesam, Lein, Färberdistel, Baumwollsaat, Olive, Kokospalme und Ölpalme.

– *Und dann noch die Gemüse.*

– Ja. Die statistisch erfaßte Weltproduktion – deren Zahl weit unter der wirklichen Zahl liegt, weil sie nicht das Gemüse berücksichtigt, das dem Eigenverbrauch dient – beläuft sich auf eine Milliarde Tonnen. Das mag viel erscheinen, aber man darf dabei nicht vergessen, daß der Kalorienwert der Gemüse, die 80 Prozent Wasser enthalten, bedeutend geringer ist als der der Getreide. Die siebzehn Gemüse, die in die Liste aufgenommen wurden, kann man als »Gesundheitsnahrung« bezeichnen. Es handelt sich dabei um Kohl, Artischocken, Tomaten, Blumenkohl, Kürbisse, Gurken, Auberginen, Paprika, Zwiebeln, Knoblauch, grüne Bohnen, grüne Erbsen, Möhren, Wassermelonen, Melonen, Trauben (die vor allem in Form von Wein konsumiert werden: allein 2,5 Milliarden Liter) und Datteln. Dazu kommen die zwei Zuckerpflanzen Zuckerrübe und Zuckerrohr und noch zwanzig Obst- und Nußsorten, die dreihundert Millionen Tonnen ausmachen: Äpfel, Birnen, Pfirsiche, Aprikosen, Pflaumen, Avocados, Mangos, Ananas, Bananen, Kochbananen, Papayas, Erdbeeren, Himbeeren, Johannisbeeren, Mandeln, Pistazien, Haselnüsse, Cashewnüsse, Kastanien und Walnüsse; dazu sechs Zitrusfrüchte: Orangen, Tangerinen, Mandarinen, Clementinen, Zitronen und Pampelmusen; ferner fünf Faserpflanzen: Flachs, Hanf, Jute, Sisal und Baumwolle; sowie einige nicht klassifizierbare Pflanzen wie Kautschuk, Kakao, Tee, Kaffee und Hopfen. Das sind die Pflanzen, die der Mensch kultiviert hat …

– Da fehlen aber noch eine ganze Menge Nutzpflanzen: die Rüben- und Salatsorten, Sellerie, Kirschen, Kiwis …

– Und noch viele andere. Die Arten, die aufgeführt wurden, sind nur die wichtigsten oder die, die statistisch erfaßt worden sind. Es gibt bestimmt zehnmal so viele, wovon der größte Teil aber mengenmäßig keine große Rolle spielt. Trotzdem sind es noch immer wenige Arten im Vergleich zu den 500000 Wildpflanzenarten, die bis heute bekannt sind.

– *Glauben Sie, daß es noch viel zu entdecken gibt?*

– Schauen Sie sich einmal die alten Enzyklopädien an: Zu Beginn des zwanzigsten Jahrhunderts kannte man nur 300000 Pflanzen. Es gibt sicher Hunderttausende, die wir noch nicht kennen.

– *Es gibt also tausendmal weniger kultivierte als wilde Pflanzen.*

– So ist es. Trotzdem haben die Aborigines in Australien schon etwa tausend Wildpflanzenarten genutzt. Auch in Afrika wurden fast tausend Arten gesammelt.

– *Aber das Sammeln stellt eine umgekehrte Selektion dar: Da man immer nur die besten Pflanzen gesammelt hat, hat man die schwächeren indirekt gefördert.*

– Das stimmt. Das könnte einen quantitativen und qualitativen Einfluß auf die Pflanzen gehabt haben. So wie die Überweidung. Wenn zu viele Kühe auf einer Wiese weiden, gibt es dort statt Gras nur noch Löwenzahn und Gänseblümchen.

– *Man kann sich also vorstellen, daß es außer den uns bekannten Nutzflanzen noch andere kultivierbare Arten gibt.*

– Zweifellos. Aber um zu erklären, warum man weniger als die Hälfte der Pflanzen domestiziert hat, die vorher von den Jäger-und-Sammler-Kulturen genutzt wurden, muß man sich ins Gedächtnis rufen, daß manche Pflanzen sehr lange angebaut werden können, ohne sich im geringsten zu verändern ... Trotzdem glaube ich, daß es einen immensen Bestand an Pflanzen gibt, für die sich die Menschen bis heute nicht sehr interessiert haben. In ihrer gegenwärtigen wilden Form sind sie nichts Besonderes. Wenn man sie jedoch durch Züchtung modifizieren würde, könnten einige davon sehr nützlich werden.

3. Szene: Der eingewanderte Garten

Der Mensch hat die Pflanzen nach seinen Bedürfnissen und nach Lust und Laune ausgewählt. Wenn er sein Land verließ, nahm er sie mit sich, und wenn er von seinen Reisen zurückkam, brachte er neue mit. Man trifft daher heute in jedem Garten auf die zehntausend Jahre alte Geschichte geplanter Züchtungen und spontaner Begegnungen.

DIE EXOTISCHE GEMÜSESUPPE

– Nehmen wir zunächst einmal die Radieschen. Sie gehören zu den frühesten Arten, die man im Küchengarten erntet. Wenn der Frühling vor der Tür steht, kann man sie aussäen und schon vier Wochen später mit Salz und Butter essen. Wo stammen sie ursprünglich her?

– MARCEL MAZOYER: Aus dem Nahen Osten, wo sie wild wachsen und sogar hier und da als Unkraut betrachtet werden. Darüber hinaus gibt es jedoch auch chinesische Sorten.

– Eine Hälfte Radieschen, die andere Möhren: so mischt man die Samen vor der Aussaat in die Beete. Wenn man dann die schneller wachsenden Radieschen erntet, bekommen die Möhren Platz, die sonst zu dicht stünden. Fangen wir also mit diesen orangefarbenen Wurzeln an, die wir in unserer Gemüsesuppe verwenden.

– Die Möhren waren immer schon Teil unserer Flora, sie wachsen auch in großer Zahl wild an den

Wegrändern. Man darf sie jedoch auf keinen Fall mit einem anderen Doldenblütler, dem giftigen Schierling, verwechseln, mit dem Sokrates seinem Leben ein Ende setzte. Die wilde Möhre wächst überall in Eurasien.

– *Und die Weiße Rübe?*

– Wie wir bereits gesehen haben, war sie eine der allerersten Pflanzen, die man in China kultiviert hat. Es gibt jedoch auch eine mediterrane Speiserübe.

– *Über die Kartoffel weiß man Bescheid: sie stammt aus Peru, in Frankreich hat Parmentier sie bekannt gemacht…*

– Ja, aber die Geschichte ist doch bedeutend facettenreicher. Die Kartoffel stammt ursprünglich aus den Anden, wo es etwa dreihundert verschiedene Sorten gibt. Aber nur zwei oder drei von ihnen sind kultiviert worden. Die erste Erwähnung dieser Knollenfrucht stammt aus dem Jahre 1533. In seiner »Chronique du Pérou« berichtet Pedro Cieça de Leon, einer der Haudegen, die Pizarro begleiteten, daß er in der Region von Quito – heute Ecuador – die Gartenbohne, die er damals »kleine Saubohne« nannte, und die Kartoffel entdeckt hat. Im Jahre 1560 brachte Pizarro genau neunundneunzig Knollen nach Europa mit (eine muß er unterwegs verloren haben), die er Philipp II., dem König von Spanien, überreichte. Der hat sie dann dem Papst geschenkt, zur Behandlung seiner Gicht.

– *Und das hat geholfen?*

– Darüber ist nichts bekannt, aber eines weiß man genau: Nur wenig später findet man die Kartoffel in einer ganzen Anzahl von botanischen Gärten in Europa, vor allem in denen des Heiligen

Römischen Reiches. Im botanischen Garten von Vienne (in Südostfrankreich) wurde sie zum erstenmal gezeichnet, und zwar von dem Leiter des Gartens, einem gewissen Charles de l'Écluse. Später wird sie in einem Werk von Gaspard Bauhin erwähnt, das 1596 in Basel erschienen ist. In einer »Rararium Plantarum Historia« (Geschichte der seltenen Pflanzen) von Philip de Sivry werden die gastronomischen Qualitäten der Kartoffel in den höchsten Tönen gepriesen. Im Jahre 1597 findet man außerdem in einer englischen Veröffentlichung eine *Patata virginiana*, deren Beschreibung mit der Knolle übereinstimmt, die 1586 von Sir Walter Raleigh beschrieben worden war. Man wird jedoch den Verdacht nicht los, daß diese schlitzohrigen Engländer uns glauben machen wollten, sie hätten die Pflanze in Nordamerika gefunden – wo es sie noch gar nicht gab –, um nicht zugeben zu müssen, daß sie ein spanisches Schiff geplündert hatten, was bei ihnen damals so üblich war.

– Eines ist jedenfalls sicher, man fand mehr Kartoffeln in den Büchern als auf den Feldern.

– Richtig. Man hatte große Mühe, sie anzubauen, da die Kartoffel ursprünglich aus höher gelegenen Regionen der Tropen stammte, das heißt, aus einem Gebiet, wo die Tage zwölf Stunden lang sind. In Europa hat man sie wegen des Frostes im Sommer anbauen müssen, wo die Tage bedeutend länger sind. Das Ergebnis war, daß die Pflanzen nur wenige Knollen bildeten. Die längeren Helligkeitsperioden entsprachen nicht ihrem Rhythmus. Deshalb lief es zunächst zwei Jahrhunderte lang gar nicht gut, denn so lange brauchten die Pflanzen, um sich an das Klima anzupassen. Außerdem hat man dann Pflanzen aus Chile importiert. Hier hatte sich die Kartoffel schon seit langer Zeit in die gemäßigte Zone bis südlich von Valparaiso ausgebreitet und sich dort im Laufe der Jahrhunderte an die langen Sommertage gewöhnt.

DAS PREUSSISCHE GRUNDNAHRUNGSMITTEL

– *Und Parmentier?*

– Er war ein Stabsapotheker, der im Siebenjährigen Krieg (1756–1763) in preußische Gefangenschaft geraten war. Er erlebte, daß die Kartoffel auf der anderen Seite des Rheins die Ernährungsgrundlage der Soldaten – und der Gefangenen – darstellte. In den Jahren 1769 und 1770 herrschte in Frankreich eine große Hungersnot. Die Akademie von Besançon schrieb einen Wettbewerb zu dem Thema aus, welches Gemüse in Hungerzeiten diejenigen Sorten ersetzen könnte, die man sonst im allgemeinen verzehrte. Alle acht Kandidaten schlugen in ihrer Denkschrift die Kartoffel vor. Parmentier, dessen Plädoyer offensichtlich die größte Überzeugungskraft besaß, gewann den ersten Preis. Im Jahre 1787 übertrug Ludwig XVI. ihm die Aufgabe, seinen Landsleuten dieses interessante fremde Knollengewächs nahezubringen, das man in Frankreich als einzigem Land in Europa aus verschiedenen Gründen ablehnte. Die Kartoffel wurde »Brot der Armen« oder »Schweinefutter« genannt, und man sagte ihr nach, sie mache die Menschen krank ... Parmentier baute also in Neuilly, in der Ebene von

Sablon, Kartoffeln an, dort, wo sich heute die Metrostation *Les Sablons* befindet. 1789, im Jahr der Französischen Revolution, veröffentlichte er seine »Traité de la culture de la pomme de terre, de la patate et du topinambour« (Abhandlung über den Anbau von Kartoffeln, Süßkartoffeln und Topinambur), das vom »Bürger Parmentier« unterzeichnet war. Danach entwickelte sich alles sehr schnell: Von 1793 an forderte der Nationalkonvent die Bauern unmißverständlich und mit großem Nachdruck dazu auf, die Knolle, die als Errungenschaft der Revolution betrachtet wurde, anzubauen. So wurde die Kartoffel rasch eine der wichtigsten Feldfrüchte Frankreichs.

– Und in den anderen europäischen Ländern wurde sie schon länger angebaut?

– Ja. In Irland hatten die Engländer den größten Teil des guten Ackerlandes aufgekauft. So verlegten sich die verarmten Bauern auf den Anbau von Kartoffeln, die ja weniger anspruchsvoll sind als der Weizen. Vom Ende des siebzehnten Jahrhunderts an stellte die peruanische Knolle die Grundlage ihrer Ernährung dar. Das Ergebnis war, daß eine Kartoffelkrankheit in den Jahren 1845 bis 1847 eine schreckliche Hungersnot auslöste. Die katholische Bevölkerung nahm um zwei Millionen Menschen ab, die entweder gestorben oder in die USA ausgewandert sind.

– Der Kohl war doch auch ein sehr beliebtes Nahrungsmittel in Nord- und Osteuropa. Nicht alle Köche benutzten ihn als Gemüse für die Suppe, aber kein Gärtner kam an dieser prächtigen Pflanze vorbei.

– Der Kohl ist eine der wenigen Kulturpflanzen abendländischer Herkunft. Es gibt allerdings auch chinesische Sorten. Die Sorten, die wir in Europa anbauen, existierten hier aber schon im wilden Zustand.

– *Kommen wir zum Porree, dem »Spargel des armen Mannes«.*

– Die Wildform des echten Spargels ist eine mediterrane Pflanze, die in der Gemüsesuppe nichts zu suchen hat. Was den Porree oder Lauch anbetrifft, so ist sein Ursprung nicht geklärt. Er gehört zur Gattung *Allium,* zu der auch der Knoblauch, die Schalotten, die Zwiebeln und der Schnittlauch gehören. Man nimmt an, daß der Porree ursprünglich ein Weinbergsunkraut war wie der Weinbergslauch, den die Winzer als Unkraut bekämpfen.

– *Ist der Ursprung bei den anderen Arten der Gattung* Allium *genausowenig geklärt?*

– Nein. Der Knoblauch kommt eindeutig aus Asien, aus dem Gebiet zwischen Kirgisien und Afghanistan. In unseren gemäßigten Breiten gibt es eine Art wilden Knoblauch, den Bärlauch oder Bärenlauch, aber der wurde nie kultiviert.

– *Kann man ihn essen?*

– Aber sicher. Man braucht allerdings viel davon, denn die Knollen sind nicht besonders dick. Ich bin jedoch sicher, daß man Salate sehr gut damit würzen kann. Die Zwiebel gehört zu derselben Familie, stammt jedoch nicht, wie man glauben könnte, direkt vom Knoblauch ab. Sie kommt aus Indien, taucht aber schon sehr früh im östlichen Mittelmeerraum auf. Die Zwiebel steht schon seit vorgeschichtlicher Zeit auf dem Speiseplan des Menschen. Der Schnittlauch stammt aus dem Norden, sein Ursprung liegt in Kanada und Sibirien. Er ist schon sehr alt, so wie alle Pflanzen, die gleichzeitig in Amerika und in Eurasien wild vorkommen. Das bedeutet nämlich, daß sie bereits vor der Trennung dieser beiden Kontinente und der Bildung des Atlantischen Ozeans existiert haben müssen.

– *Welche Gemüse wuchsen denn ursprünglich in unserem Küchengarten?*

– Der Kohl, wie bereits erwähnt, und die Salate …

– *Ein bißchen langweilig, damit hätte man nie und nimmer die französische Küche erfinden können.*

– Um es noch einmal zu sagen: Nordeuropa war im Hinblick auf Pflanzenarten ausgesprochen arm. Der größte Teil unserer Kulturpflanzen stammt aus dem Nahen Osten und dem Mittelmeerraum.

RATATOUILLE

– *Spazieren wir jetzt also einmal durch den mediterranen Gemüsegarten, um das zu ernten, was wir für eine Ratatouille brauchen. Knoblauch und Zwiebel hatten wir schon. Suchen wir einmal die Zucchini.*

– Mexiko! Die Zucchini gehört zu den Kürbissen, und die kommen aus Mexiko. Einzige Ausnahme: der gern auf Komposthaufen gezogene Riesenkürbis, der aus Südamerika stammt.

– *Auch die Gurke?*

– Die Gurke ist kein Kürbis, sondern eine eigene Gattung. Sie wurde aus dem Himalaya mitgebracht, wo sie wild wuchs, außerdem aus Kaschmir und aus dem Norden des Industals.

– *Und die Honigmelone, die nach Gurke schmeckt, wenn sie noch unreif ist, stammt sie aus derselben Region?*

– Nein. Melonen kommen aus der Sahelzone zwischen Mauretanien und Äthiopien, die damals – anders als heute – noch nicht Gefahr lief, zur Wüste zu werden.

– Kehren wir zu unserem mediterranen Gemüseeintopf zurück. Die Aubergine?

– Kommt ursprünglich aus Indien.

– Die Paprika?

– Bei der Gemüsepaprika handelt es sich um eine Varietät der Peperoni, die man in Mexiko entdeckt hat. Später hat man sie auch in Südamerika gefunden. Kolumbus und seine Begleiter beschrieben 1493 nach ihrer Rückkehr einen Pfeffer, der »schärfer brennt als der kaukasische Pfeffer«. Es gab jedoch auch eine milde Sorte, die in beachtlicher Weise weitergezüchtet wurde, bis sie im Vergleich zur Wildform enorm große Früchte hervorbrachte: die Gemüsepaprika. In Europa wurde Ungarn zu ihrem bevorzugten Anbaugebiet.

DIE GESCHICHTE DES PARADIESAPFELS

– Kommen wir zur Königin der Pflanzen des Mittelmeerraums, zur Tomate.

– Sie gehört zur Familie der Nachtschattengewächse wie die Kartoffel, die Paprika oder der Tabak. Die Tomate stammt von einem wilden Nachtschattengewächs ab, der Kirschtomate, die heute noch in Mexiko in der Region von Veracruz wächst.

– Das ist sehr komisch. Da hat man sich in den letzten Jahren die größte Mühe gegeben, Kirschtomaten zu züchten,

dabei sind sie in Wirklichkeit die Ahnen aller großfrüchtigen Tomaten...

– Ja. Das Schicksal der Tomate ist tatsächlich kurios. Aus den Schriften eines gewissen Mathiolus wissen wir, daß sie schon 1544 in Europa bekannt war. Er entdeckte an ihr bestimmte Eigenschaften der Alraunwurzel, der man eine aphrodisische Wirkung nachsagte. Deshalb wurde die Tomate dann auch »Liebesapfel« genannt. Andere Namen waren »Paradiesapfel« oder – wie in Italien noch heute – »Goldapfel«, italienisch: *pomodoro.* Auf Gravierungen aus dem sechzehnten Jahrhundert erkennen wir eine kleine, ziemlich kümmerliche Frucht. Im Gegensatz zur Paprikaschote handelte es sich bei ihr in Amerika offenbar um eine eher zweitrangige Pflanze, die damals kaum kultiviert wurde. Dann hat die Tomate in Europa zwei Jahrhunderte lang dahinvegetiert, ohne daß sich jemand für sie interessiert hätte. Im achtzehnten Jahrhundert haben sich dann südlich von Neapel italienische Gärtner intensiv und systematisch mit der Anpflanzung dieser kleinen Frucht befaßt, die man damals »Wolfspfirsich« genannt hat. Ihnen, und nicht den Spaniern, die sie aus Mexiko mitgebracht haben, verdanken wir es also, daß die Tomate zu dem universellen Gemüse geworden ist, das wir heute kennen. Gegen Ende des achtzehnten Jahrhunderts wurden in Italien die ersten Fabriken zur Herstellung von Tomatensauce gebaut. Im Laufe der Zeit paßte sich die ursprünglich tropische Pflanze immer mehr an das Klima der kälteren Regionen an. Ihr Anbau dehnte sich allmählich immer weiter nach Norden aus. Im neunzehnten Jahrhundert gelangte sie schließlich nach England. Und dann eroberte die Tomate, die in Italien ihre Wiederentdekkung gefeiert hatte, von Europa aus das Land ihrer Ahnen – Amerika.

DIE GANZE WELT IN EINEM GARTEN

– Schöne Geschichte. Jetzt können wir fast schon eine Ratatouille kochen. Fehlt nur noch das Olivenöl.

– Das ist tatsächlich das einzige in der Ratatouille, das zwar nicht direkt aus der Provence, aber doch aus dem mediterranen Becken stammt. Die ursprüngliche Heimat des Olivenbaums liegt im Nahen Osten.

– Und die Obstbäume? Kommen die auch alle von woanders her?

– Der größte Teil. Pfirsich- und Aprikosenbäume wurden in Zentralasien kultiviert. Den Pfirsichbaum haben im ersten Jahrhundert die Römer aus Persien mitgebracht, und den Aprikosenbaum haben die Araber im achten Jahrhundert in Armenien gefunden. Süßkirschen stammen tatsächlich aus Europa, aber die Sauerkirschen aus Kleinasien. Den Birnbaum hat Alexander der Große aus Persien mitgebracht, doch er wurde zweifellos tiefer im Herzen Asiens kultiviert. Das gleiche gilt für den Apfelbaum. Der Quittenbaum stammt aus Persien und Turkmenistan, der Feigenbaum aus der Türkei und dem Irak, der Nußbaum aus den Bergen Südwestchinas, der Haselnußstrauch vom Balkan und den Ufern des Kaspischen Meeres ... Nur der Pflaumenbaum stammt noch aus Europa, davon gibt es auf der Nordhalbkugel zweihundert verschiedene Sorten.

– *Und die Erdbeeren?*

– Das hängt davon ab, welche man meint. Die Walderdbeeren wachsen in Europa wild. Die großfrüchtigen Gartenerdbeeren kommen dagegen aus Amerika, und zwar aus zwei verschiedenen Gebieten: Virginia im Norden und Chile im Süden. Aber ich muß es noch einmal sagen: Europa war arm und hat nicht viele Pflanzen domestiziert. Sogar der Rhabarber kommt aus China, und alle Zitrusfrüchte stammen natürlich ursprünglich aus Südostasien …

– *Da trifft sich die ganze Welt in einem einzigen Garten!*

– Manche Pflanzen brauchen keinen Gärtner, um auf diese abenteuerliche Reise gehen zu können. So kann zum Beispiel die Kokosnuß gut schwimmen. Sie hat sich aus eigener Kraft von Südostasien aus an den Ufern aller tropischen Inseln unseres Planeten angesiedelt. Die Kokospalme ist ein typischer Strandbaum. Die Nüsse fallen zu Boden, rollen ins Wasser, schwimmen mit der jeweiligen Strömung und keimen an einem anderen Strand, der möglicherweise dreitausend Kilometer weit entfernt ist …

– *Gehört die Kokospalme zu den Kulturpflanzen?*

– Nein, obwohl die Menschen sie in großer Zahl angepflanzt haben. Sie hat natürlich keine Schwierigkeiten gehabt, die fünfzig Kilometer der Landenge von Panama zu überwinden, um in die Karibik zu gelangen.

– *Kehren wir zu unserem Garten zurück. Sind auch die Küchenkräuter wie Petersilie, Thymian und Lorbeer exotischen Ursprungs?*

– Der Thymian ist einheimisch. Die Petersilie und der Lorbeerbaum haben ihre Heimat im Nahen Osten beziehungsweise im gesamten Mittelmeerraum.

– Über eine Pflanze haben wir bisher noch nicht gesprochen, die in unseren abendländischen Mythen, vor allem in den südlichen Ländern, eine große Rolle spielt: über den Wein.

– Er hat eine erstaunliche Geschichte, es handelt sich dabei um ein wahres ökologisches Abenteuer.

DIE SAGA VON DER TRAUBE

– Wo und wann beginnt es?

– Der Weinstock ist schon vor langer Zeit erschienen, noch vor der Trennung der Kontinente. Er gehörte zur Flora des Tertiärs. Man findet ihn in der nördlichen Hemisphäre. Die europäischen Rebstöcke stammen aus dem Kaukasus und den Gebieten rund um das Kaspische Meer. Die asiatischen Weinstöcke kommen aus dem Tal des Flusses Amur an der Grenze zwischen Rußland und China. Es gab auch einen japanischen Rebstock auf Hokkaido und Sachalin, aber das ist nur eine Inselvariante des Weins vom Amur. Im Süden des Kaukasus und an der Grenze zu Persien erntete man bereits vor fünftausend Jahren Wein. Und bereits im alten Ägypten war der Wein ein gängiges Produkt. Man hat dort Weinpressen, Fässer und Amphoren gefunden, auf denen sogar der Ursprung des Weines und der Name des Winzers verzeichnet waren. Die Griechen waren die ersten, die für die

Verbreitung des Weinanbaus in den Mittelmeerländern gesorgt haben. Die Römer haben ihn dann auch im Inneren des europäischen Kontinents bekannt gemacht.

– *Hat Julius Cäsar den Wein nach Gallien gebracht?*

– Nein. Es waren griechische Handelskontore, die den Wein ins heutige Südfrankreich eingeführt haben. Als Cäsar nach Gallien kam, wurde in Lyon bereits Wein gekeltert. Die Gallier hatten sogar schon das Böttcherhandwerk erfunden, bevor die Römer mit ihren Amphoren aus Terrakotta kamen. Die Eßkastanienbäume sind der Spur des Weins in die wintermilden Lagen im Inneren Europas gefolgt. Die christliche Kirche hat den Wein bis an seine nördlichste Grenze geführt: nach Südengland und in Deutschland bis nach Bremen. Und etwas später auch bis an seine südlichste Grenze, nach Nordafrika, sogar bis in die Sahelzone. Denn Bischofssitze gab es bis nach Mauretanien.

– *Gab es auch in Amerika Weinstöcke?*

– Aber sicher. Die Wikinger haben Amerika lange vor Kolumbus besucht, sie sind an Island und Grönland vorbeigesegelt, wo sie etwa im Jahr 1000 eine Kolonie gegründet haben. Von da aus haben sie den Atlantik bis zur Mündung des Sankt-Lorenz-Stroms überquert. Den Wein kannten sie bereits von ihren Expeditionen ins südliche Europa. Sie haben daher sofort den wildwachsenden Wein in Amerika erkannt. Das ging sogar so weit, daß Leif, der Sohn Eriks des Roten, Amerika »Vinland«, also Weinland getauft hat.

DIE WEINSTÖCKE DES HERRN

– Das Problem der Wikinger war, daß sie aus ihren Erkundungsvorstößen keine Konsequenzen gezogen haben. Wurden die amerikanischen Weinstöcke denn von den ersten europäischen Siedlern nach deren Ankunft entdeckt?

– Nein. Im Jahre 1492 hat Kolumbus spanische Rebstöcke nach Amerika gebracht. Und selbst in den Jesuitenklöstern von Neumexiko wurde aus diesen Reben Wein hergestellt. Das gleiche gilt für die Franziskanerklöster in Kalifornien. Von San Diego bis nach San Francisco wuchsen europäische Trauben.

– Weil sie im Gegensatz zu den amerikanischen Pflanzen bereits domestiziert worden waren?

– Ja. Aber es lief nicht sehr gut. Zwei Krankheiten, die in Europa völlig unbekannt waren, der Echte Mehltau und die Reblaus, vernichteten drei Viertel der Weingärten. Mit der Zeit haben sich die Rebstöcke jedoch angepaßt und sind zum Teil resistent gegen diese Schädlinge geworden.

– Hat sich denn nie jemand für den wilden amerikanischen Wein interessiert?

– Doch. Die englischen Siedler an der Ostküste. Von 1621 an haben sie in Massachusetts Wein aus den wilden Rebstöcken gemacht. Es wird berichtet, daß Reverend Higginson 1629 eine sehr gute Weinlese gehabt habe. Diese amerikanischen Sorten sind sehr ertragreich. Der einzige Nachteil war, daß der Wein ziemlich schlecht schmeckte, denn später sagte man von einem Wein mit diesem Nachgeschmack, er sei »foxé«, das heißt, er schmecke nach Fuchs.

– *Und die Engländer haben ihn trotzdem getrunken?*

– Nein. Am Anfang des achtzehnten Jahrhunderts haben sie auf diesen Wein verzichtet und Weinstöcke aus Europa eingeführt. Aber leider sind alle eingegangen. Immer wieder wurden sie vom Echten Mehltau und von Rebläusen befallen. Beide waren offenbar virulenter als bei den Rebstöcken der Spanier an der Westküste. Das Ganze hatte solche Ausmaße angenommen, daß Präsident Jefferson persönlich intervenierte und eine Rückkehr zu den einheimischen Weinsorten empfahl.

– *Und was war mit dem Fuchsgeschmack? Es muß doch ein Rachenputzer gewesen sein.*

– Ja, aber die Weinbauern an der Ostküste hielten trotzdem daran fest, und 1735 züchtete ein gewisser James Alexander aus Philadelphia eine Rebsorte, die eine Kreuzung aus europäischen und amerikanischen Pflanzen war. Sie war widerstandsfähiger gegen die Schädlinge, und der Wein war schon eher genießbar. Solche Artenkreuzungen von Rebstöcken hat man in Amerika also schon sehr früh praktiziert. Erst eineinhalb Jahrhunderte später hat man in Europa für dasselbe Problem dieselbe Lösung gefunden.

DIE REBSTÖCKE DES TEUFELS

– *Waren die Europäer damals nicht auf dem laufenden?*

– Nein. Der Informationsfluß war zu dieser Zeit noch nicht so gut. Und da die Europäer selbst guten Wein machten, interessierten sie sich auch nicht für die amerikanischen Weinstöcke. Sie benützten sie höchstens als Zierpflanzen zur Verschönerung ihrer Häuser oder Gartenlauben... Man hat also dekorative Sorten ins Land geholt und mit ihnen den Echten Mehltau importiert, der dann ab 1847 nicht nur die Rebstöcke, sondern auch andere Pflanzen wie zum Beispiel die Rosen befiel. Die Behandlung mit Schwefel, die Léonce de la Vergne 1852 eingeführt hat, war eine Möglichkeit, etwas gegen diese Plage zu unternehmen. Einige Winzer wollten jedoch sparen. Um die teure Behandlung mit dem Schwefel zu umgehen, probierten sie es mit dem amerikanischen Wein, der gegen den Mehltau resistent war. Im Jahre 1861 bepflanzte ein Mann aus der Toskana namens Ridolfi einen Weinberg mit amerikanischen Rebstöcken. Später, 1866, machte es ihm Lalineau in einem Weingarten in der Gegend von Bordeaux nach.

– *Und ernteten sie guten Wein?*

– Diese Frage erschien sekundär gegenüber dem Sturm der Entrüstung, den sie entfachten: Indem sie nämlich Rebstöcke importierten, die resistent gegen den Echten Mehltau waren, brachten diese Schlaumeier gleichzeitig die *Phylloxera vastatrix*, die Reblaus, mit ihren verheerenden Wirkungen nach Europa mit. Die Plage trug ihren lateinischen Artnamen *vastatrix* – die Verwüsterin – durchaus zu Recht. In Frankreich wurden von zweieinhalb Millionen Hektar Weinanbaufläche anderthalb Millionen durch sie vernichtet.

– *Und man hat kein Gegenmittel gefunden?*

– Doch, mehrere. Zuerst hat man die Stöcke unter Wasser gesetzt, da sind die Läuse ertrunken. Aber den Rebstöcken ist diese Behandlung natürlich auch nicht gut bekommen, und außerdem lagen die meisten Weinanbaugebiete an Hängen, so daß eine Überflutung unmöglich war. Eine andere Möglichkeit war die Behandlung der Wurzeln mit Schwefelkohlenstoff.

– *Recht umständlich, oder?*

– Die Prozedur ist ziemlich kompliziert. Man muß die Wurzeln des Stocks freilegen, was sehr teuer ist. Nur edle Weine von hoher Qualität, bei denen die Verdienstspanne groß genug war, konnte man auf diese Weise behandeln. Die dritte Lösung bestand darin, daß man resistente amerikanische Rebstöcke einführte. Das Problem dabei war nur, daß man feststellen mußte, daß die Weine nicht gut waren. Hinzu kam, daß die anderen Winzer, deren Weinberge noch nicht befallen waren, sich empörten: »Ihr bringt uns noch mehr Rebläuse ins Land!« Die Importe fanden schließlich aber doch statt, und man kehrte wieder zur Kreuzung der Rebstöcke aus der Neuen Welt mit den französischen Weinstökken zurück, was die Amerikaner bereits anderthalb Jahrhunderte zuvor gemacht hatten.

– *Ende gut, alles gut …*

– Keineswegs. Die Qualität des Weins, der auf diese Weise produziert wurde, war den Franzosen nicht gut genug. Man mußte das Projekt wieder aufgeben. Dann hat man die Methode der Veredelung eingeführt und auf amerikanische Weinstöcke als Veredelungsunterlagen Edelreiser von französischen Reben gepfropft. Nach nur zwanzig Jahren ging so die durch die Reblaus verursachte Krise zu Ende.

– *Hatte sie schwerwiegende Konsequenzen?*

– Sie führte vor allem zu einer Konzentration

der Weinanbaugebiete. Viele kleine Weinbauern mußten aufgeben, und mit ihnen verschwanden zahlreiche Landweine für immer. Dann stellte sich heraus, daß die veredelten amerikanischen Weinstöcke den Boden regelrecht auslaugten. Man mußte düngen, woraufhin die Erträge auf eine spektakuläre Weise anstiegen. Obwohl die bearbeitete Fläche kleiner geworden war, kam es 1907 durch die Überproduktion zu der nächsten großen Krise. Und die hatte eine kuriose Nebenwirkung. Im Süden des Umlands von Paris haben sich die Weinbauern, die aufgeben mußten, auf die Rosenzucht verlegt. Sie schickten ihre Schnittblumen in den gleichen Tragekörben, in denen sie früher die Trauben transportiert hatten, zu den Markthallen von Paris, und zwar mit der Dampfeisenbahn, die damals Boissy-Saint-Léger mit der Bastille verband. Das Gebiet »Mandres-les-Roses« wurde so zum wichtigsten Rosenanbaugebiet Frankreichs.

– *Und was ist in Amerika aus den Weinen der Jesuiten und der Franziskaner an der Westküste geworden?*

– Nach dem Krieg gegen Spanien und nachdem die Vereinigten Staaten Kalifornien und Neumexiko annektiert hatten, hat man sie mehr oder weniger aufgegeben. Es gab jedoch in Peru noch mehrere Weinberge mit den gleichen Rebstöcken. Von da aus gelangte der Wein weit nach Süden, bis nach Chile, wo es ihm offenbar gut gefiel, denn das Klima war gemäßigt, und außerdem blieben ihm dort Mehltau und Rebläuse erspart. Heute sind wohl einige chilenische Weinberge die einzigen auf der Welt, die hundertprozentig wurzelechte – also nicht gepfropfte – europäische Rebstöcke tragen.

SONNE GEGEN SOJA

– *Was für eine Geschichte. Auch der Mais und die Sonnenblume stammen doch aus Amerika. Hat man mit ihnen nicht ebenfalls neue Krankheiten eingeschleppt?*

– Natürlich. Sie haben ihre eigenen Krankheiten mitgebracht. Aber damals gab es in Europa weder Mais noch Sonnenblumen, die sie hätten anstekken können …

– *Diese Pflanzen wurden erst in jüngerer Zeit eingeführt, oder?*

– Die Sonnenblume wird erst seit kurzer Zeit im großen Rahmen angebaut. Bis vor dreizig Jahren wuchs sie bei uns eher in den Gärten als auf den Feldern. Wie wir von van Gogh wissen, diente sie zur Zimmerdekoration – und nicht zur Gewinnung von Öl … Ziemlich lange Zeit hat man eine sehr eng mit ihr verwandte Pflanze verzehrt, die heute in Vergessenheit geraten ist: den Topinambur. Die Blüte ist sehr hübsch, sie sieht aus wie eine kleine Sonnenblume, aber man ißt nur die Knolle. Der Topinambur wird zum erstenmal im Jahre 1605 von einem Franzosen namens Samuel Champlain, dem Gründer von Quebec, erwähnt, der sie in Indiana entdeckt hat. Man nannte sie auch »Grundbirne« oder »Erdschocke«.

– *Aber wenn man die Sonnenblume eingeführt hat, muß man doch ein gewisses Interesse an ihr gefunden haben.*

– Ja. Im siebzehnten Jahrhundert taucht sie in den botanischen Gärten Europas auf. Über ihren genauen Ursprungsort weiß man so gut wie nichts. Sicher ist nur, daß es sich um eine an die amerikanische Prärie angepaßte Pflanze handelte, die von den Indianern bereits kultiviert worden war. Aber dieser Domestikationsprozeß hat sich über lange Zeit hingezogen. In Europa war sie in den kontinentalen Steppen ein großer Erfolg: in der Ukraine, in Bulgarien... In Frankreich erlebte die Sonnenblume ihren Durchbruch erst Mitte der siebziger Jahre des gerade vergangenen Jahrhunderts.

– *Warum?*

– In der Kolonialzeit konzentrierte sich die Ölproduktion in Frankreich auf das Erdnußöl aus dem Senegal. Nachdem die Länder selbständig geworden waren, mußte man einen Ersatz finden. Man hat wieder Olivenbäume angepflanzt und andere Möglichkeiten ausprobiert. Und man hat angefangen, die bereits vorhandenen Sonnenblumen mit besonders ertragreichen Sorten aus der damaligen Sowjetunion zu kreuzen.

– *Ertragreicher als die amerikanischen?*

– Sie waren möglicherweise besser an unser Klima angepaßt. Die Russen haben bei der Züchtung der Sonnenblume bachtliche Arbeit geleistet. Zu Beginn des Kalten Krieges befanden sie sich praktisch in einem Blockadezustand. Sie hatten daher keine ausreichenden Speiseölquellen. Keine Oliven, keine Erdnüsse, kein Soja... Sie haben sich deshalb auf die Sonnenblumen konzentriert und sie mit bemerkenswerten Ergebnissen weitergezüchtet.

– *Das postkoloniale Frankreich hat sich also in etwa an den gleichen Überlegungen orientiert.*

– In gewisser Weise ja, und alles wurde dann durch die Krise des Soja noch beschleunigt. Die Vereinigten Staaten besaßen das Monopol für diese

Pflanze, die, wie wir gesehen haben, ursprünglich aus China stammt. Sie liefert sowohl Öl als auch einen proteinreichen Preßrückstand, den sogenannten Ölkuchen, der dem Tierfutter beigegeben wird. Im Jahre 1972 haben die Amerikaner ihre Vormachtstellung ausgenutzt: Sie haben gewissermaßen den Hahn zugedreht, so daß die Preise stiegen. Das Ergebnis war, daß alle Welt einen Ersatz für das Soja suchte, und deshalb sind die Felder heute goldgelb, weil überall Sonnenblumen angebaut werden.

DAS LETZTE UNIVERSALGETREIDE

– *Und der Mais? Er wird doch wohl in Europa erst seit verhältnismäßig kurzer Zeit angebaut.*

– Nein, das trifft nur für den Norden zu. Sie können sich vorstellen, daß die Spanier dieses außergewöhnliche Getreide nicht übersehen konnten. Als Kolumbus nach Amerika kam, gab es entlang der Küste überall Maisfelder. Sein Sohn, der über die erste Reise berichtet, schreibt, daß sein Vater ein großartiges Getreide entdeckt habe, das von den Bewohnern des Landes *maïs* genannt und zusammen mit Erbsen – in Wirklichkeit waren es Gartenbohnen – angebaut werde.

– *War der Mais domestiziert?*

– Vollkommen. Man hatte sogar Schwierigkeiten herauszufinden, wer seine wilden Vorfahren waren, weil das am nächsten verwandte Wildgras, die Teosinte, sich doch sehr vom Kulturmais unterscheidet.

– *Kolumbus hat also den Mais mitgebracht?*

– Gleich von seiner ersten Reise. Die Körner sind leicht zu transportieren, zu konservieren und auszusäen. Und wo es im Süden der Iberischen Halbinsel genügend Wasser gab, fand der Mais ähnliche Bedingungen vor wie in der Neuen Welt. Der Maisanbau hat sich dann immer weiter ausgedehnt. Die Araber haben Körner mitgenommen und sie in Ägypten ausgesät. Von dort aus hat sich der Mais Mitte des sechzehnten Jahrhunderts im Orient verbreitet. Er wurde überall dort angebaut, wo es Bewässerungssysteme gab. Im Nildelta verdrängte er nach und nach den Weizen und die Gerste, und er ersetzte in weiten Teilen des Niltals die Sorghumhirse. Danach dehnte sich der Anbau in Afrika weiter aus, wo der Mais in zahlreichen Gebieten allmählich die einheimischen Getreidesorten ersetzte, so zum Beispiel im Sudan und in Guinea. In Burundi findet man ihn in jedem Garten. Wenn der Maniok die Wunderpflanze für magere Böden ist, dann ist der Mais die ideale Pflanze für feuchte Böden. Er gelangte auch nach Indien und China und wurde schließlich zu der weltweit verbreiteten Pflanze, die er heute ist.

– *Aber doch nur im Süden.*

– In der ersten Phase, ja. Denn später ist der Mais auch weiter nach Norden vorgedrungen. Aber dieser Prozeß hat lange gedauert, denn die Pflanze mußte sich an das Klima anpassen. Es ist immer wieder derselbe Mechanismus: Die Erblinien, die genetisch eine gewisse Resistenz gegen Kälte besitzen, übertragen diese Resistenz auf die anderen, so daß man die Pflanzen etwas weiter nördlich anbauen kann. Im Laufe der Jahre hat sich der Mais an eine neue Umgebung gewöhnt. Nach mehreren Jahrzehnten hatte er ganz Spanien durchquert und kam in Südfrankreich an. Aber da war plötzlich Schluß. Die Pflanze hatte ihre nördlichste Grenze erreicht, die Loire. Um weiter nach Norden vordringen zu können, mußte man erst andere Sorten finden.

– *Gab es denn andere?*

– Aber sicher. Allein in Frankreich existierten um neunzehnhundertfünfzig 400 Maissorten. Und in Amerika ist die genetische Vielfalt noch weitaus größer. Man hat daher begonnen, amerikanische Sorten mit den hiesigen zu kreuzen, und dadurch einen Mais bekommen, der einen bedeutend kürzeren Lebenszyklus hatte, der also in den paar Monaten, in denen es in den gemäßigten Zonen warm ist, auch reifte.

– *Ist dabei nicht ein weniger gutes Korn entstanden, das gerade mal gut genug als Viehfutter ist?*

– Die Qualität hängt vor allem von der Sorte ab, weniger von der geographischen Breite. Im Norden waren die Ergebnisse ausgezeichnet. Besser als im Mittelmeerraum, denn im Norden gab es keinen Wassermangel.

– *Mais, Sonnenblumen, Kartoffeln, Tomaten, Gartenbohnen, Kürbisse... Die Liste der Pflanzen, die aus Amerika stammen, ist lang.*

– Die der Pflanzen aus Asien ebenfalls.

STERBEN FÜR BANANEN

– *Haben die Amerikaner auch Pflanzen aus Asien oder aus dem Nahen Osten eingeführt?*

– Aber sicher. Soja, Reis, Weizen. Aber auch das Zuckerrohr, das ursprünglich aus dem Süden Chinas kommt und das Alexander der Große auf einem Feldzug in Indien gefunden hat. Bei den Römern wurde es »süßes Schilfrohr« genannt. Später haben die Araber es im südlichen Mittelmeerraum verbreitet, vor allem in Ägypten. Im sechzehnten Jahrhundert fand man Zuckerrohr bereits auf den Kanaren. Dann haben die Portugiesen den Staffelstab weitergetragen. Im siebzehnten Jahrhundert gelangte das Zuckerrohr auf die Azoren, danach erreichte es Brasilien, wo es sich an der gesamten Küste ausbreitete. Später fand man es auch in der Karibik …

– *Haben die Bananenstauden nicht auch eine ähnliche Geschichte?*

– Doch. Die Banane wurde in Indien von den Griechen entdeckt. Die Römer kannten sie zwar, aber wie so oft wurde sie von den Arabern verbreitet. Dann übernahmen die Bantus in Schwarzafrika diese Aufgabe. Spanier und Portugiesen holten sich Bananenstauden aus Marokko und entwickelten in Amerika sehr bald den ersten Anbau, aus dem dann später ein moderner kapitalistischer Agrarexport werden sollte.

– *In diesem Zusammenhang wurde der Begriff »Bananenrepubliken« geprägt.*

– Genau. Multinationale Konzerne wie zum Beispiel United Fruit sind nicht einmal davor zurückgeschreckt, mit Unterstützung des CIA Staatsstreiche anzuzetteln oder in Mittelamerika Kriege vom Zaun zu brechen, um sich die Kontrolle über die gesamte Produktion zu sichern. Dabei sind enorme finanzielle Interessen im Spiel ...

4. Szene: Die Geschichte der Rose

Nicht alle Kulturpflanzen sind nur nützlich: Zahlreiche Spuren weisen darauf hin, daß es schon in der Antike Zierpflanzen gab, vor allem Blumen.

DIE SEELE DER AUFGEHENDEN SONNE

– *Machen wir einen letzten Rundgang durch den Garten, um einen Blick auf die Blumen zu werfen.*

– MARCEL MAZOYER: Auch sie haben viele Reisen hinter sich. Auf diesem Gebiet hat Japan, ein Land, von dem wir bisher kaum gesprochen haben, eine große Rolle gespielt. Dort hat man zahlreiche Zierpflanzen kultiviert und andere, die aus China kamen, verbessert, wie zum Beispiel die Pfingstrose, die Mahonie, die Hanfpalme *Trachycarpus* … Selbst die Chrysanthemen, die ursprünglich aus Südeuropa kommen, wurden in China jahrhundertelang als Gemüse angebaut.

– *Haben die Chinesen denn Chrysanthemen gegessen?*

– Sie haben Blätter und Blütenblätter mit Sojasauce zubereitet. Aber sehr bald haben die Chinesen, vor allem aber die Japaner, auch zahlreiche Ziersorten gezüchtet. Eine Chrysantheme mit sechzehn Blütenblättern wurde sogar zum Symbol der japanischen Kaiserfamilie.

– *Stammen viele Pflanzen direkt aus Japan?*

– Einige, wie zum Beispiel die Aukube, die in den Gebirgen der Inselgruppe wild wächst und als Kulturpflanze in vielen unserer städtischen Gärten geschätzt wird, weil dieser Strauch extrem widerstandsfähig gegen Luftverschmutzung ist und nicht sehr viel Pflege erfordert. Dann gibt es noch den Japanischen Perlschnurbaum, der als »Baum des Erfolgs im Leben« in der Nähe der Pagoden angepflanzt wurde. Außerdem die Kamelie, die in den Bergen im Süden Japans bis zu zehn Meter hoch werden kann. Sie wurde 1792 von der Ostindien-Kompanie nach Europa importiert. Auch der größte Teil der Azaleen, die man übrigens heute der Gattung Rhododendron zuordnet, stammt ursprünglich aus Japan. Selbst *Rhododendron indicum* heißt nur so, weil er auf den Schiffen transportiert wurde, die aus Ostindien kamen. Im Jahre 1681 zählte man bereits 150 Azaleensorten, die in den japanischen Gärten kultiviert wurden. Schließlich gibt es noch die Paulownie, einen Zierbaum mit lila Blüten, der in Japan wild wächst.

– *Und die Zierkirschen?*

– Ja, natürlich. Während man in Europa viele Bäume daraufhin gezüchtet hat, wohlschmeckendere Früchte zu ernten, haben die Japaner versucht, schönere Blüten zu bekommen. Schon seit über tausend Jahren wurden dort Quitten, Pfirsichbäume und vor allem Zierkirschen gezüchtet, gekreuzt und veredelt. In den Bergen des Landes findet man zahlreiche wilde Kirschbäume. Um diesen Baum wird ja ein richtiger Kult veranstaltet, er gilt als die »Seele Japans«. Einige dieser Kirschbäume sind ganz außergewöhnlich. So gibt es zum Beispiel zehn Meter hohe Trauerformen mit herabhängenden Ästen. Andere Zierkirschen tragen im Frühling gefüllte Blüten mit bis zu dreißig Blütenblättern, die wie kleine Rosen aussehen …

– *Gibt es keine japanischen Rosensträucher?*

– Doch, eine stachelige Strauchrose, die *Rosa rugosa* oder Kartoffelrose.

– *Diese Rosensträucher, die an den Parkplätzen und Autobahnen wachsen? Die stammen aus Japan?*

– Sie kamen von der früher teilweise japanischen Insel Sachalin zu uns, und man findet sie in der gesamten Region von Wladiwostok bis Korea. Es handelt sich dabei um eine sehr robuste Rosenart, die aus Japan mitgebracht wurde und sich nach und nach an der europäischen Atlantikküste ausgebreitet hat. Die Kartoffelrose hat den Platz der alten, weniger konkurrenzstarken Wildrose *Rosa rubiginosa*, der »Schottischen Zaunrose« oder »Weinrose«, eingenommen. Diese wird vor allem von deutschen Rosenzüchtern, die sich auf Landschaftsrosen spezialisiert haben, für die Züchtung moderner Rosen verwendet.

EIN HECKENROSENSTRAUSS

– *Und wo kommen die Gartenrosen her?*

– Die Wildrosen sind erst kürzlich auf die Erde gekommen: gerade mal vor etwa vierzig Millionen Jahren. Die wilde Rose in Westeuropa ist die im Volksmund Heckenrose genannte und von Fachleuten als Hundsrose bezeichnete *Rosa canina*. Zweifellos hat sie ihren Namen wegen ihrer großen Dornen, die an Hundezähne erinnern. Möglicherweise wurde sie ein wenig kultiviert, ohne jedoch wirklich gezüchtet worden zu sein.

– *Also, woher kommen die Edelrosen?*

– Sie stammen von anderen Wildrosenarten ab. Eine, die *Rosa gallica* oder Essigrose, wächst vom Rhein über den Kaukasus bis nach Persien. Sie wurde bereits sehr früh zwischen Mesopotamien und Palästina kultiviert. Die zweite, die *Rosa phoenicea* oder Phönizische Rose, wurde ebenfalls im Nahen Osten angepflanzt. Und so ist es auch mit der dritten, der *Rosa moschata* oder Moschusrose, die sehr stark duftet und mit Sicherheit aus Nordafrika stammt.

– *Wann sind alle diese wilden Rosen kultiviert worden?*

– Auf dem blauen Vogelfresko von Knossos auf Kreta, das 3900 Jahre alt ist, finden wir die erste Darstellung einer Rose. Es fällt jedoch schwer zu unterscheiden, ob es sich dabei bereits um eine gezüchtete oder noch um eine wilde Rose handelt. Als die Römer nach Ägypten kamen, hatten die Griechen dort in El Fayum, einer feuchten Senke 150 Kilometer südwestlich von Kairo, jedenfalls bereits die Rosenzucht entwickelt. Man hat viele Bilddarstellungen von Verstorbenen gefunden, die mit Rosenkränzen geschmückt waren. Vor allem in Hawara in Ägypten hat man römische Mumien von Angehörigen der römischen Oberschicht entdeckt, die aus dem Jahr 170 nach Christus stammen und die mit erstaunlich gut erhaltenen getrockneten Rosen geschmückt waren. Man hatte das Gefühl, ein paar Tropfen Wasser hätten sie wieder aufblühen lassen. Diese Blumen ließen sich absolut sicher bestimmen: Man nannte sie »Heilige Rosen« oder »Mumienkranz-Rosen«. Noch heute wachsen sie in den Klöstern Äthiopiens. Es sind Kreuzungen zwischen Rosa gallica und *Rosa phoenicea*. Das heißt, es handelt sich um eine alte Sorte der berühmten Damaszenerrose.

– *Welche Rolle spielt Damaskus in dieser Geschichte?*

– Das mag zunächst ein wenig kompliziert erscheinen, weil man je nach Ort oder Epoche den gleichen Arten unterschiedliche Namen gegeben hat. Tatsächlich sind die ersten westlichen Zierrosen aus Kreuzungen zwischen den drei kultivierten Wildrosen entstanden, von denen wir gerade gesprochen haben. Aus der Essigrose und der Phönizischen Rose ist die Damaszenerrose entstanden, die in bestimmten Gegenden eben unter dem Namen »Heilige Rose« oder »Mumienkranz-Rose« bekannt ist.

– *Aber warum nennt man sie Damaszenerrose?*

– Weil die Kreuzritter in Damaskus diese Rosenkreuzung gefunden haben. Die Essigrose und die Moschusrose haben eine andere Damaszenerrose hervorgebracht: die Sorte »Quatre Saisons«, also übersetzt »Vier Jahreszeiten«. Aber das ist eine Übertreibung. Von den Botanikern wurde sie als *bifera* klassifiziert, was bedeutet, daß sie zweimal im Jahr blüht. Als sie nach Sizilien und Süditalien kam, blühte sie im Frühling. Im August bekam sie dann eine Art Wärmeschock, der ihr Wachstum genauso bremste wie die Kälte im Winter. Die ersten Regenfälle im Herbst ließen sie dann jedoch zum zweiten Mal aufblühen, wie im Frühling.

– *Bleibt noch die Kreuzung zwischen der Phönizischen Rose und der Moschusrose.*

– Da scheint es keine besonders markanten Nachfahren gegeben zu haben. Dazu sind die beiden Rosen wahrscheinlich zu eng miteinander verwandt. Die erneute Kreuzung zwischen der Essigrose und der Damaszenersorte »Quatre Saisons« hat dagegen die *Rosa officinalis* oder Apothekerrose hervorgebracht, der man im Mittelalter eine große Zukunft vorausgesagt hat.

DIE BLUME DER FESTE UND DER LIEBE

– Lassen Sie uns aber erst noch einmal auf Rom zurückkommen.

– Ja. Die Römer ließen ganze Schiffsladungen von Rosen nach Rom bringen. Das war einer der wichtigsten Importartikel der Römer aus Ägypten.

– Schnittblumen? Wie überstanden sie die Reise?

– Es dauerte zunächst ein bis zwei Tage, die Rosen von El Fayum über den Nil an die Küste zu bringen, und dann noch sechs Tage über das Meer. Die Römer ließen außerdem auch Rosen aus der Cyrenaika (im heutigen Libyen) und aus Karthago nach Rom bringen sowie Rosen aus Sizilien, deren Kultur die Griechen dort eingeführt hatten. Die ägyptischen Rosen waren deshalb begehrt, weil sie gewissermaßen antizyklisch blühten, nämlich bereits im März statt im Juni wie alle anderen. Die Temperatur in den Laderäumen der Schiffe war fast die gleiche wie die Temperatur des Meeres, lag also etwa bei vierzehn Grad. Unter diesen Bedingungen konnten die kaum aufgeblühten Blumen problemlos eine Woche überstehen, zumal sie nur für festliche Anlässe gebraucht wurden, also nur einen Tag halten mußten. Sie waren sicher besser als die tiefgekühlten Rosen, die man heute manchmal in Blumengeschäften kauft und die nach vierundzwanzig Stunden verwelkt sind, ohne sich geöffnet zu haben.

– Wenn die Römer einen so hohen Verbrauch hatten, warum haben sie dann nicht versucht, eigene Rosenkulturen anzulegen?

– Das haben sie gemacht. Im zweiten Anlauf. Es gab drei größere Zentren: Paestum in der Nähe von Salerno, Leporia bei Neapel und Palestrina nicht weit von Rom. Dort ist es den Gärtnern gelungen, eine weiße Rose, die berühmte *Rosa alba*, zu züchten. Sie haben eine Damaszenerrose mit einer Rosa canina gekreuzt, das ist unsere heimische Hunds- oder Heckenrose, deren rote Früchte den übermütigen Schulkindern im Herbst das Juckpulver liefern. Die Römer haben einen Rosenanbau im größeren Stil begründet und weiterentwickelt.

– Das ist erstaunlich, wenn man bedenkt, daß es sich um eine Pflanze handelt, die man weder als Arzneipflanze noch als Nahrung, Gift oder Droge und noch weniger als Bauholz verwenden kann. Es handelt sich also um die erste Sache, die keinem anderen Zweck als dem der Verführung dient.

– Das stimmt so nicht ganz. Man hat sie auch zur Herstellung von Medikamenten, für kosmetische Artikel und zur Herstellung von Rosenöl verwandt. Sie fand sogar in der Küche Verwendung. Es stimmt allerdings, daß die Rose in der frühchristlichen Zeit verteufelt wurde, weil man sie als eine Pflanze betrachtete, die etwas mit Ausschweifungen zu tun hat, sie war eben die Blume der Feste und der Erotik. Zu Beginn des Mittelalters ging ihr

Anbau im christlichen Abendland zurück. Aber das hat nicht lange gedauert.

– *Gegen die Rosen kommt man einfach nicht an!*

– Nein. Die Kirche hat dann versucht, diese Blume für sich zu vereinnahmen, so wie sie es mit heidnischen Festen so oft erfolgreich gemacht hat. Anfang des vierten Jahrhunderts wurde der Marienkult ins Leben gerufen. Von da an verband man mit der Rose, die plötzlich Symbol der Reinheit geworden war, die Jungfrau Maria. Man züchtete sie sogar in den Klostergärten.

KLEINER KREUZZUG FÜR EINE ROSE

– *Die Rose wurde dann aber doch wieder zum Symbol der Liebe – wodurch?*

– Durch die Kreuzzüge, in deren Verlauf man im Orient »neue« – also in Wirklichkeit die alten – Rosensorten (wieder-)entdeckt hat. Außerdem hat sich die Gesellschaft verändert. Es war der Beginn der höfischen Liebe. Im dreizehnten Jahrhundert spielte eine schillernde Persönlichkeit eine große Rolle, ein Mann, dem man nachsagte, er habe sich in die französische Königin, Blanche von Kastilien, und in die Königin von Zypern verliebt. Er hieß Thibaut IV., »der Sänger«, Graf der Champagne. Seine Lieder, die heute als die schönsten Beispiele höfischer Lyrik gelten, legen Zeugnis von seinen zahlreichen Liebschaften ab. Im Jahre 1239, als einer seiner Onkel gestorben war, wurde er von heute auf morgen König von Navarra. Da beschloß er, einen Kreuzzug zu unternehmen. Ganz allein. Er machte sich im Jahre 1239 auf den Weg und kehrte im folgenden Jahr zurück, ohne die heiligen Stätten in Palästina erreicht zu haben. Aber er brachte von seiner Reise eine Blume mit, die ihn verführt hatte: die *Rosa gallica officinalis,* die Apothekerrose. Wenig später nannte man sie »Rose von Provins«, weil Thibaut sie nach seiner Rückkehr in dieser Stadt südöstlich von Paris anpflanzen ließ. Sehr bald wurde die Rose einer der wichtigsten Handelsartikel von Provins. Man verkaufte sie, aber nicht als Schnittblume wie in Rom, sondern in Form von Konfitüre, Rosenwasser, getrockneten Blütenblättern usw. Im Mittelalter stellten die großen Märkte in der Champagne eine Verbindung zwischen den Händlern der Hansestädte im Norden und den Händlern des Mittelmeerraums dar und bekamen daher eine große Bedeutung. Provins nahm dabei eine strategisch wichtige Position ein. Von hier aus breitete sich die Rosenkultur wieder in Europa aus, und vor allem in Frankreich. Seit dieser Zeit wurde die Blume auch »gallique« genannt, was soviel bedeuten sollte wie »gauloise en France« – aus dem gallischen Frankreich. Unter diesem Namen ist sie noch heute bekannt, was zu vielen Verwechslungen mit ihrer Stammart, der Essigrose, botanisch: *Rosa gallica,* Anlaß gibt.

DIE ROTE UND DIE WEISSE ROSE

– *Hat die Gallische Rose erwähnenswerte Nachkommen?*

– Man sagt, daß Eduard von Lancaster sie 1279 bei einer Reise nach Provins entdeckt habe. Er nahm Stecklinge nach England mit, und da er so fasziniert von dieser Blume war, nahm er sie in sein Wappen auf. Die rote Rose, die man heute auf den Trikots der englischen Rugbyspieler findet, hat also eine lange Geschichte ... Was die weiße Rose anbetrifft, mit dem das Haus York in den Rosenkrieg gegen das Haus Lancaster zog, so handelte es sich dabei um eine römische Rosa alba. Aus der Kreuzung zwischen der Rose von Provins und der Damaszenersorte »Quatre Saisons« entstand die Portlandrose, die wiederum nach zahlreichen Kreuzungen mit Rosen aus China und Persien zu modernen Teehybrid-Rosen, wie beispielsweise der berühmten »Gloria Dei« führte. Aus der »Quatre Saisons« ist ebenfalls eine schöne Nachfahrin entstanden: Die Holländer kreuzten sie mit einer Rosa alba und bekamen daraus mit der *Rosa centifolia* die erste gefüllte Rose, die Zentifolie oder Provencerose mit vielfachen Blütenblättern, die von den flämischen Malern unsterblich gemacht worden ist.

– *Was waren denn das für besondere chinesische Rosen?*

– Man nannte sie zuerst *Rosa indica*, weil man sie in Indien gefunden hatte. Tatsächlich stammten sie aber aus China. Die am längsten bekannten Arten sind die *Rosa gigantea* und die *Rosa chinensis*, wie die *Rosa indica* jetzt richtig heißt. Man hat jedoch bis heute noch nicht alle ursprünglichen Wildformen der chinesischen Rosen aufgefunden. Die botanische Erforschung dieses Landes ist noch lange nicht zu Ende. Es sieht aus, als hätte die *Rosa gigantea* ihre Ursprungsregion im tibetanischen Vorgebirge ... Jedenfalls hatte die Kreuzung zweier chinesischer Arten die berühmte Teerose zum Ergebnis.

– Heißt sie wegen ihrer Farbe Teerose?

– Nein, nicht im geringsten. Es hatte etwas mit ihrem Duft zu tun, aber den hat sie heute nicht mehr. Damals transportierte man die Rosenstöcke auf Schiffen, die aus China kamen und gleichzeitig Tee geladen hatten. Während der Überfahrt nahmen die Pflanzen dann den starken Teeduft an. Im Laufe der Zeit hat man zahlreiche abendländische und chinesische Rosen miteinander gekreuzt. Eine Kreuzung zwischen einer chinesischen und einer gallischen Rose führte zu der ersten remontierenden Rosensorte, das heißt, diese Rose blühte mehrmals vom Frühling bis in den Herbst. Die Rosa chinensis, die ursprünglich in den Tropen beheimatet war, kennt keine Jahreszeiten und kann das ganze Jahr über blühen. Hier bei uns erfror sie dagegen im Winter. Man mußte sie daher mit westlichen Sorten kreuzen, damit sie einerseits den Frost überstehen konnte und andererseits ihre anhaltende Blühfreudigkeit behielt.

– Und die bei der »Gloria Dei« eingekreuzte persische Rose?

– Das ist die *Rosa foetida*, die Fuchsrose, deren Name besagt, daß sie unangenehm riecht. Man weiß nicht, wo sie herkommt. Gefunden hat man sie in Persien, wo sie schon lange Zeit in Kultur war. In Amerika gibt es unter anderem eine *Rosa virginiana* und eine *Rosa california*. Wo kommen sie her? Haben sie die Beringstraße im Fell von Tieren überquert? Soweit ich weiß, haben die Amerikaner diese Rosen aber kaum verwendet. Sie besitzen in ihrem Land eine Menge Rosen, doch die stammen zum größten Teil aus England.

DER STACHEL DER EIFERSUCHT

– Ab wann hat man sich denn wieder für die Rosen als Ziersträucher begeistert?

– Seit dem Mittelalter. Die schönste aller Blumen ist der Heiligen Jungfrau sehr bald entwischt und wieder ein Symbol der Liebe, ja sogar der Erotik geworden. Der »Rosenroman«, dessen zweiter Band sich nicht als Schullektüre eignet, ist dafür ein gutes Beispiel... Was die neuere Zeit anbetrifft, so ist Napoleons Eifersucht der Anlaß für die erste große Rosensammlung gewesen.

– Wie das?

– Er hatte seine Gattin Josephine weit weg von Paris untergebracht, damit sie nicht so viele Leute traf, während er seine Feldzüge unternahm. Aus diesem Grund hat er ihr Schloß Malmaison gekauft. Josephine, Tochter eines Plantagenbesitzers aus Martinique, war an Blumen gewöhnt und verwandelte den Park in einen regelrechten botanischen Garten. Sie ließ alle möglichen Pflanzen kommen, vor allem aber Rosen. Als Napoleon sie verstoßen hatte und sie 1810 Malmaison verlassen sollte, hatte sie die größte Rosensammlung der Welt geschaffen. Sogar englische Rosen waren dort zu finden. Napoleons Kontinentalblockade hatte keine Auswirkungen auf die Rosen gehabt. Die großen Gärtnereien Londons hatten ihr alle Rosenstöcke geschickt, die sie haben wollte, und zwar mit Schiffen, die ganz diskret nahe vor der französischen Küste vor Anker gingen. Unglücklicherweise ist nur ein Teil dieses Schatzes, den wir durch die Bilder des Malers Redouté kennen, im neunzehnten Jahrhundert gerettet worden, nachdem man die Kollektion vorher jahrelang sich selbst überlassen hatte.

– Wie viele Rosensorten gab es denn im Park von Malmaison?

– Fast zweihundert. Das war zur damaligen Zeit sehr viel. Erst als man im Laufe des neunzehnten Jahrhunderts gelernt hatte, die Rosen zu veredeln, vervielfachte sich die Zahl der Sorten. Heute gibt es ungefähr 25000 Rosen, und jedes Jahr kommt etwa ein Dutzend neue dazu. Die gegenwärtige Forschung befaßt sich vor allem mit der Widerstandskraft gegen Krankheiten. Da die Rose so verführerisch ist, kommt sie offenbar nie aus der Mode. Nachdem man zwanzig Jahre lang die englischen Rosen des David Austin bevorzugt hat, geht die Tendenz jetzt wieder zu den altmodischen Rosen: jenen Sorten, die an die römische Rosa alba und die Gallische Rose von Provins erinnern.

– Nach all den raffinierten Züchtungen versucht man also jetzt, wieder zur Natur zurückzukehren.

– Alle Rosen stammen aus der Natur. Sie benutzen uns, um sich zu vermehren, das ist alles. Die Natur ist nicht starr und unbeweglich. Gelegentlich regen sich Naturschützer auf, wenn neue Arten in der Landschaft auftauchen. Sie betrachten diese Pflanzen als Fremdlinge, die die Natur verhunzen. Aber das ist zu statisch gedacht.

– Sie betrachten die neuen Pflanzen also als Partisanen gegen die Reinheit der Botanik?

– So ungefähr. Aber auf dem Land gibt es seit Jahrhunderten ständig Veränderungen durch neue Pflanzenarten. Das wirkliche Übel sind Monokulturen aus einer einzigen Art, ganz gleich aus welcher, weil sie zur Gleichförmigkeit führen und die Vielfalt verringern. Von der Vielzahl der Pflanzen, die in den Gärten und auf den Feldern wächst, stammt jedoch heutzutage so gut wie keine einzige mehr direkt aus unserem ursprünglichen lokalen Ökosystem. Und wie Sie gut wissen, gab es ganz zu Anfang ohnehin nur Algen …

Dritter Akt

Die Zukunft der Natur

1. Szene: Die Pflanze als Objekt

Die Menschen haben ihre Lieblingspflanzen zunächst gesammelt, später kultiviert und bewußt selektioniert, um immer bessere Erträge zu erzielen. Aber die Geschichte ist noch nicht zu Ende: Botanik und Agrarwissenschaft werden in zunehmendem Maße mit den Genforschern konfrontiert, die das Leben reorganisieren wollen.

DIE NATÜRLICHEN GRENZEN DES PROFITS

– Mehr noch als die eigentliche Landwirtschaft ist es doch heutzutage die Industrie, die mit den Mineraldüngern, den Unkrautvernichtern, den Pestiziden und den Maschinen die Erträge immer weiter steigern kann.

– MARCEL MAZOYER: Teilweise. Ganz zu Anfang kannten die Bauern tatsächlich nur den organischen Dünger. Indem der Boden im Laufe der Jahrzehnte immer wieder angereichert wurde, erfolgte eine Auslese zugunsten derjenigen Pflanzen, die am meisten von der Düngung profitierten. Einige Jahrzehnte später konnte die Industrie so viel Düngemittel erzeugen, daß man dem Boden nicht nur dreißig Kilo Stickstoff pro Hektar zuführte, sondern fünfzig, dann hundert und schließlich zweihundert Kilo ... Aber das kostete natürlich Geld. Damit sich der teure Dünger lohnte, mußte man neue Sorten finden, die in der Lage waren, diese riesigen Mengen an Dünger aufzunehmen und Erträge zu bringen, die diese Investition rechtfertigten. Man hat also bewußt, rationell und systematisch ausgewählt und dabei all das eingesetzt, was man über die Genetik wußte. Und dabei ist man bis an die Grenzen gegangen.

– *Was meinen Sie mit »bis an die Grenzen«?*

– Eines schönen Tages hat man festgestellt, daß man, um den Ertrag noch einmal um zehn Doppelzentner pro Hektar zu steigern, mehr Düngemittel brauchte als für den ersten Zuwachs um zehn Doppelzentner. Man war also an die Grenze gestoßen, wo der Nutzen des Düngers immer weiter abnahm. Sobald man eine bestimmte Schwelle überschritten hatte, wurde der Dünger sogar giftig für die Pflanzen. Der Ertrag, dem durch die Kapazität der Photosynthese natürliche Grenzen gesetzt sind, ließ sich bei bestimmten Arten einfach nicht weiter steigern.

DIE GENETIKER MELDEN SICH ZU WORT

– *Und seit man diese Grenze erreicht hat, sucht man nach neuen Wegen?*

– Das sollte man annehmen. Aber die gegenwärtigen Forschungen an genetisch veränderten Organismen haben nicht das Ziel, eine verbesserte Reaktion auf die Düngung zu erreichen. Auf dem Gebiet hat man schon viel getan. Die Biologen versuchen jetzt, Pflanzen mit ganz besonderen Merkmalen herzustellen, zum Beispiel solche, die gegen ein bestimmtes Insekt oder einen bestimmten Unkrautvernichter resistent sind…

– *Das ist der Fall beim transgenen Mais, der ersten gene-*

tisch veränderten Pflanze, die für den Anbau in Europa vorgesehen war.

– Ja, der BT-Mais.

– *Warum BT?*

– BT steht für *Bacterium tumefaciens*, die Mikrobe, von der das Gen stammt, das man in den Mais eingebaut hat und das ihn resistent gegen bestimmte Insekten macht. »Transgen« nennt man Organismen, in die ein Fremdgen eingeschleust wurde, also ein Gen aus einem Organismus einer anderen Art.

– *Wie kann man ein Gen aus einem Organismus herausnehmen und in einen anderen einpflanzen?*

– Ein Gen ist ein Molekül oder ein kleiner Molekülverband der Desoxyribonukleinsäure, der berühmten Erbsubstanz DNS, die unter anderem die Fähigkeit besitzt, den Aufbau der Proteine in einem Lebewesen zu steuern. Nun hat jedes unserer Proteine eine bestimmte Aufgabe: Einige kämpfen gegen Mikroorganismen, andere sind für diesen oder jenen Angreifer giftig, wieder andere sind einfach ein Grundbestandteil unserer Muskeln ... Sie können sich vorstellen, daß es Millionen von Funktionen und damit auch Millionen von Genen gibt. Es geht also darum, genau das DNS-Molekül in einem Organismus zu identifizieren, das wiederum genau das Protein programmiert, das die für uns interessante Aufgabe erfüllt. Dann stellt man eine Kopie her und führt dieses Duplikat in den anderen Organismus ein. Man hofft dann, daß es sich dort genauso verhält und das Protein veranlaßt, die gewünschte Aufgabe zu erledigen.

– *Man »hofft« nur?*

– Man kennt zwar die Eigenschaften, die das ausgewählte Gen in seinem ursprünglichen Organismus hat. Aber man ist andererseits nicht sicher, wie es im Empfänger funktionieren wird. Man versucht natürlich, das herauszufinden, denn man möchte es ja benützen. Doch wir bewegen uns hier auf einem Gebiet, auf dem wir noch wenig Erfahrung haben.

– *Ist das nicht riskant?*

– Die Chromosomen eines Lebewesens enthalten Millionen von Molekülen. Ein Einzelmolekül kann die Konfiguration einer Pflanze sicher nicht so radikal verändern, daß sie zu einem Monster wird. In der Natur passiert es ständig, daß Gene von einem Einzelwesen zum anderen gelangen. Das Leben ist ein ewiges Ballett. Wenn eine Bakterie in Ihren Körper eindringt, bringt sie Moleküle mit, die mehr oder weniger vorübergehende Wirkungen haben...

– *Sicher, aber mein Körper ist eine zusammenhängende Struktur, die so beschaffen ist, daß sie Eindringlinge abwehren kann... Außer wenn man seine Abwehrmechanismen kurzschließt und den Eindringling direkt in das Programm einschleust – so wie einen Computervirus.*

– Trotzdem glaube ich nicht, daß es große und unvorhersehbare Auswirkungen in dem transgenen Organismus selbst geben kann. Das eigentliche Risiko, und das besteht ja tatsächlich, liegt woanders: bei den Nebenwirkungen.

MEXIKANISCHER MAIS

– *Mit welchen Nebenwirkungen muß man bei dem transgenen BT-Mais rechnen?*

– Einerseits hat man in sein Erbgut ein bakterielles Gen eingeschleust, das ihn in die Lage versetzt, selbst ein Insektizid abzusondern. Diese Substanz ist sehr wirksam gegen einen Nachtfalter, der auf den schönen Namen Maiszünsler hört und dessen Raupe den Mais angreift. Auf diese Weise konnte man teure chemische Insektizide sparen, die zusätzlich die Umwelt belasten würden. Andererseits hat man ihn durch ein zweites eingefügtes DNS-Fragment resistent gegen ein sogenanntes Totalherbizid gemacht, das umweltschonender ist als die herkömmlichen Unkrautvernichter. Wenn man es auf ein bestelltes Feld sprüht, dann geht alles kaputt außer dem BT-Mais.

– *Und wo liegt die Gefahr?*

– Wenn man diesen Mais in Mexiko anbaut, einem Land, in dem die Teosinte, die Vorfahrin des Maises, wild wächst, kann man praktisch sicher sein, daß die neuen Gene vom Mais auf die Teosinte übergehen und diese dann, wenn sie resistent gegen das Herbizid geworden ist, die Maisplantagen in ganz Mittelamerika überwuchern kann. Und wenn man weiß, welche große Rolle der Mais dort als Volksnahrungsmittel spielt, ist das kein sehr angenehmer Gedanke …

– *Aber Mexiko ist weit.*

– Ja, und außerdem ist die Ansteckung einer anderen Pflanze sehr unwahrscheinlich. Theoretisch würde es also genügen, nur in dieser Region den Anbau von transgenem Mais zu verbieten. Aber in der Praxis würde das wohl nicht funktionieren. Es braucht nur ein kleiner Fehler zu passieren, irgend etwas, und der Mais überschreitet die Grenzen … Meiner Meinung nach hätten die Amerikaner, die diesen transgenen Mais zuerst angebaut haben, die anderen diesem Risiko nicht aussetzen dürfen. Aber sie haben natürlich die Möglichkeit, dem Rest der Welt ihre Meinung aufzuzwingen. Nur weil man in Amerika oder anderswo ein bißchen mehr Profit machen möchte, müssen sich die mexikanischen Bauern mit den Schäden abfinden.

– Die Veränderung des Maises stellt aber außerhalb seines Entstehungsgebietes keine Gefahr dar?

– Vielleicht keine direkte Gefahr, aber mit Sicherheit das Risiko, daß die Modifikation relativ unwirksam ist. Der größte Teil der Spezialisten ist sich einig, daß die Resistenz der Maispflanze gegen den Zünsler sowieso nicht lange andauern wird. Mit der Zeit wird sich der Nachtfalter anpassen und den Mais von neuem angreifen. Nehmen wir nur einmal das DDT; immer mehr Mücken sind inzwischen dagegen resistent geworden. Daher nehmen die Malariaerkrankungen auch wieder erheblich zu. Man darf die Fähigkeit der Natur, ihre Haut zu retten, nicht unterschätzen. Im Grunde ist das ja sogar ein beruhigender Gedanke.

– Was ist mit den anderen Pflanzen? Dem Mais werden sicher andere genmanipulierte Pflanzen folgen.

– Das ist bereits geschehen. Aber eines ist klar: Wenn man zum Beispiel einen gegen Insektizide immunen Raps anbaut, wird das eine Katastrophe. Er kann sich mit dem Goldlack und einer Menge wilder Kreuzblütler kreuzen... Eine große Zahl von »Unkräutern« würde so ihrerseits schädlingsresistent, und unterm Strich würde es ein Vermögen kosten, sie wieder loszuwerden. Und was das Schlimmste ist, es gibt zur Zeit im Grunde nur zwei

Totalherbizide: das Glyphosat und das Phosphinotrizin. Das sind Systemherbizide, das heißt, sie dringen durch die Blätter ein, bauen sich aber beim Kontakt mit dem Boden wieder ab. Sie sind daher umweltfreundlicher, nicht so teuer und sehr nützlich. Ihre Entdeckung war ein wirklicher Fortschritt. Und diese im Grunde unersetzlichen Produkte will man jetzt womöglich aufs Spiel setzen? Das erscheint mir völlig abwegig.

RISIKOVERSICHERUNGEN

– Aber man benutzt diese Herbizide bereits außerhalb der Wachstumszeit. Würde man die Risiken, über die wir gerade gesprochen haben, nur dann eingehen, wenn man sie auch während des Wachstums der Kulturpflanzen einsetzen würde?

– Exakt. Man muß eines begreifen: Damit die Pflanzen diese enormen Mengen an Mineralstoffen verwerten können, die wir ihnen anbieten, mußte man sie erst einmal züchten, aufziehen und sie komplizierten Behandlungen unterziehen. Und das alles hat viel Geld gekostet. Aus diesem Grunde muß man alle möglichen Vorsichtsmaßnahmen treffen, damit die Ernteerträge nicht beeinträchtigt werden. Wenn man mit einem Ertrag von neunzig Doppelzentnern pro Hektar gerechnet hat, aber nur siebzig erzielt, kommt man mit seinem Budget nicht aus. Das ist der Grund für den massiven Einsatz von Insektiziden, um die Ernte zu schützen. Die Herbizide dagegen setzt man ein, damit das Unkraut nicht die ganzen Düngemittel auffrißt, die man ausgebracht hat.

– Man muß die Spatzen daran hindern, die Körner aufzupicken, die für die Hühner bestimmt sind.

– Genau so ist es. Aber das reicht noch nicht aus: Man kann nicht allen Risiken vorbeugen, zum Beispiel plötzlichem Frost oder Hagel… Also schließt man Versicherungen ab. Und gentechnisch veränderte Pflanzen sollen genau diesem Zweck dienen: Man sucht eine Versicherung gegen alle Risiken… Dabei hat man allerdings eine ökologische Kettenreaktion ausgelöst, die man noch kaum überblickt, die man kaum steuern kann und die daher größte Überlegtheit von uns verlangt.

– Wann hat man mit der Genmanipulation begonnen?

– Ende der sechziger Jahre. Im Jahre 1973 war es bereits gelungen, ein Gen auf eine Kolibakterie zu übertragen, und zehn Jahre später hatte man die erste genetisch veränderte Pflanze geschaffen: eine Tabakpflanze, die gegen ein bestimmtes Antibiotikum resistent war. Dann ging alles sehr schnell: 1985 die erste Pflanze, die immun gegen ein bestimmtes Insekt war; 1987 die erste gegen ein Totalherbizid resistente Pflanze; 1988 das erste transgene Getreide, der Mais, und ebenfalls 1988 der erste genveränderte Organismus auf dem Markt: die Gen-Tomate »Flavr Savr« mit lange haltbaren Früchten.

– Besteht nicht die Gefahr, daß diese genetisch veränderten Pflanzen die anderen verdrängen und dadurch ihren Schöpfern eine Art Monopolstellung verleihen?

– Die Leute, die solche Genveränderungen durchführen, monopolisieren zwar nur einige Sorten, aber die leistungsfähigsten. Sie haben sie unter Kontrolle, sei es, weil es sich um sterile Kreuzungen handelt, sei es, daß sie Techniken anwenden, die es diesen Pflanzen unmöglich machen, sich fortzupflanzen. Außerdem gibt es auch Gesetze: Man kann es den Bauern verbieten, die Samenkörner auszusäen, die sie geerntet haben, oder sie weiterzuverkaufen usw. Man kann heute sogar schon Saatgut patentieren lassen, es sei denn, es ist aus Arten entstanden, an denen alle Bauern der Welt seit Jahrtausenden gearbeitet haben.

– *Wer besitzt eine solche Macht?*

– Zur Zeit handelt es sich um einen Wettlauf mit der Zeit, der zwischen einigen großen Unternehmen stattfindet. Aber das hat auch einen positiven Aspekt: Niemand wird ihr Saatgut kaufen, wenn sie ihre Ergebnisse nicht verbessern. Die Gefahr besteht darin, daß diese Firmen eines schönen Tages alle qualitativ hochwertigen Samen kontrollieren und daß jeder gezwungen sein wird, bei ihnen zu kaufen.

– *Sie besäßen dann eine »Ernährungswaffe«.*

– Um so mehr, als die alten Arten, die nicht resistenten, verschwunden wären. Aber selbst, wenn sie an bestimmten Orten überlebt hätten, würde man möglicherweise nicht mehr die alten Herbizide und Pestizide produzieren. Die Erträge würden dramatisch zurückgehen. Bestimmte Länder sähen sich plötzlich auf Gedeih und Verderb bestimmten Saatgutproduzenten ausgeliefert. Das müssen wir um jeden Preis verhindern.

– *Existierte die gleiche Situation nicht schon mit der Welthungerhilfe?*

– Doch, ein bißchen. Das ist das Prinzip der versteckten Blockade. Man verleiht kein Geld mehr, mit dem die anderen Weizen kaufen könnten, man erhöht die Preise, man verzögert die Lieferungen ... Wenn ein Staat dann nicht mehr in der Lage ist, seine Bevölkerung mit Grundnahrungsmitteln zu versorgen, sind die Leute in ihrer Existenz bedroht und plötzlich auch die Regierung. Das ist ein Mittel der politischen Erpressung. Heutzutage hat das »Opfer« in der Regel noch die Möglichkeit, an einer anderen Tür anzuklopfen und um Hilfe zu bitten. Wenn es jedoch zu einer Monopolbildung kommt, ändert sich das alles.

DIE STRATEGISCHE RÜBE

– Hat man die »Ernährungswaffe« schon offen angewendet?

– Aber sicher. Die Belagerungen von Städten, Blockaden ... Das ist doch nichts anderes. Aber die Ergebnisse entsprechen nicht immer dem, was man sich davon versprochen hat. So hatte zum Beispiel die Blockade Napoleons, mit der er England den Zugang zum Kontinent versperren wollte, zur Folge, daß Frankreich von den Antillen abgeschnitten wurde und damit von seiner Zuckerversorgung.

– Aber das wiederum hat zur Entwicklung des Zuckerrübenanbaus geführt.

– Ja, zum zweiten Mal. Man kannte diese Pflanze, die aus dem Nahen Osten stammt, schon recht gut. Sie wurde mindestens seit dem fünften Jahrhundert vor unserer Zeitrechnung angebaut. Man gewann aus der Wurzel einen Saft, den man zu Sirup eindickte. Die Blätter verwendete man als Viehfutter. Im Jahre 1747 gelang es dem deutschen

Chemiker Andreas Sigismund Marggraf erstmals, aus der Zuckerrübe Kristallzucker zu gewinnen. Im Jahre 1802 errichtete der aus Frankreich stammende Physiker Achard im Auftrag des Preußenkönigs im schlesischen Kürnen an der Oder die erste Zuckerrübensiederei. Erst 1812 gründete der Bankier Benjamin Delessert in Passy, wo er bereits zehn Jahre zuvor eine Baumwollspinnerei gebaut hatte, eine wirklich leistungsfähige Rübenzuckerfabrik. Er wurde dafür von Napoleon zum »Baron d'Empire« ernannt.

– Und seitdem ist der Rübenzucker ein ernstzunehmender Konkurrent für den Rohrzucker.

– Bereits 1890 hatte er ihn überrundet: 3,64 Millionen im Vergleich zu 2,6 Millionen Tonnen Rohrzucker. Normalerweise hätte der Rohrzucker wegen seines höheren Zuckergehalts niemals entthront werden können. Aber er wuchs in einer Region, die nicht so stark wissenschaftlich und technisch ausgerichtet war, während die Zuckerrübe als eine der ersten Pflanzen in den Genuß der agrarwissenschaftlichen Forschung kam. Einen weiteren Konkurrenzvorteil gegenüber dem Zuckerrohr erhielt die Zuckerrübe schließlich durch das Verschwinden der praktisch kostenlosen Arbeitskräfte bei der Abschaffung der Sklaverei.

EXPORTIEREN UND KONSUMIEREN

– Läßt sich die Weltproduktion der Nahrungspflanzen beziffern?

– Das ist schwierig. Ein beträchtlicher Teil der

weltweiten Landwirtschaft findet in Gebieten außerhalb der monetären Wirtschaft statt. Man kennt ungefähr die Welt-Jahresproduktion an Getreide: zwei Milliarden Tonnen. Das ist eine interessante Zahl, denn sie bedeutet, daß auf jeden Bewohner unseres Planeten 330 Kilo entfallen. Wir wissen, daß ab 200 Kilo pro Person jährlich niemand Hunger leiden muß. Das heißt, daß die Weltproduktion mehr als ausreichend ist, um sechs Milliarden Menschen zu ernähren. Aber ein großer Teil des Getreides wird in den hochentwickelten Ländern und in den reicheren Regionen der Entwicklungsländer an das Vieh verfüttert, das dann wiederum dem Menschen als Nahrung dient. In den hochentwickelten Ländern werden 61 Prozent des nicht zum Export vorgesehenen Getreides an Rinder, Schweine und Geflügel verfüttert, 16 Prozent werden in der Industrie verbraucht, und nur 23 Prozent dienen der menschlichen Ernährung. In den Entwicklungsländern werden dagegen 72 Prozent des verfügbaren Getreides von den Menschen selbst verzehrt. Der Hunger, unter dem zur Zeit achthundert Millionen Menschen leiden, zum größten Teil die Familien armer Bauern und arbeitsloser Landarbeiter in der dritten Welt, ist daher nicht das technische Problem einer ungenügenden Welt-Nahrungsmittelproduktion, sondern eine politische und soziale Frage.

– *Wenn die Verhältnisse so liegen, ist es dann wirklich so wichtig, immer raffiniertere Forschungen an Arten durchzuführen, die bereits hohe Erträge bringen – nur, um noch ein bißchen mehr Profit machen zu können?*

– Ich glaube, daß es tatsächlich Dringenderes

gibt. In der dritten Welt gibt es Länder wie China, Indien, Indonesien, Ägypten und viele andere, in denen die Landwirtschaft durch den Einsatz großer Mengen von Düngemitteln und Pestiziden bereits hohe Erträge erzielt.

– Gibt es in der dritten Welt auch schon so etwas wie eine »grüne Revolution«?

– Ja, in einigen Ländern, darunter die, die ich gerade genannt habe. Aber im Laufe der letzten dreißig Jahre, in denen sich die Weltproduktion von Getreide von 1,1 auf 2 Milliarden Tonnen jährlich erhöht hat, hat sich die der dritten Welt um weniger als 350 Millionen Tonnen gesteigert. Die Exporte aus der westlichen Welt haben sich dagegen von 2,2 Millionen Tonnen im Jahre 1970 auf zwölf Millionen zur Jahrtausendwende erhöht, und fast alles ist in die Entwicklungsländer ausgeführt worden. Es müßte aus diesem Grunde heute unser Ziel sein, die Forschung in den Dienst der ärmeren Länder zu stellen, deren Landwirtschaft benachteiligt ist und deren Bauern verarmt sind, weil sie nicht am allgemeinen Fortschritt teilhaben konnten.

– Es gibt ja bereits Hilfsprogramme.

– Ja, aber sie sind unzureichend. Wenn man beispielsweise eine neue Technik in ein solches Land bringt, muß man darauf achten, ob die einheimischen Bauern auch in der Lage sind, sie anzuwenden, und ob die passenden Pflanzen verfügbar sind. Was nützen zum Beispiel Düngemittel ohne die entsprechenden Pflanzen, die überhaupt genetisch in der Lage sind, sie aufzunehmen? Wenn man eine nicht entsprechend ausgewählte Hirse mit solchem Dünger zu fördern versucht, wird man von dem Ergebnis sehr enttäuscht sein. Man muß sogar aufpassen, daß man nicht zuviel nimmt... Hirse, Sorghumhirse, Maniok und Kochbananen sind nämlich nicht im gleichen Maße züchterisch verbessert worden wie die wichtigsten Getreidesorten. Die Weizenerträge betragen im Weltdurchschnitt etwa 25 Doppelzentner pro Hektar, beim Reis sind es 35 und beim Mais sogar 40. Aber die Sorghumhirse bringt lediglich 14 und die Hirse sogar nur neun Doppelzentner pro Hektar. Im Gegensatz zu den Arten, die exportiert werden, also zum Beispiel Kaffee oder Kakao, waren sie nicht Gegenstand der Forschung. Wozu hätte das neue, weiterentwickelte Saatgut schließlich nütze sein sollen, wenn den Bauern die Mittel fehlten, es zu kaufen?

VERWAISTE PFLANZEN

– *In den Ländern des Südens haben sich die Forschungen, die man am Reis und am Mais durchgeführt hat, ausgezahlt.*

– Das stimmt. Es handelte sich dabei jedoch um »große« Getreidearten, die weltweit auf riesigen Flächen angebaut werden. Um die Arten, die in entlegenen Gegenden oder auf schwierigen Böden angepflanzt werden, hat man sich kaum gekümmert. Man hat diese Kulturen deshalb auch »verwaiste Pflanzen« genannt. Die internationale agrarwissenschaftliche Forschung hat erkannt, daß man diese Pflanzen, die im allgemeinen für den eigenen Bedarf angebaut oder auf den lokalen Märkten verkauft werden, vernachlässigt hat. Es ist daher heute dringend geboten, sich intensiv um ihre Weiterentwicklung zu bemühen.

– Glauben Sie wirklich, daß so etwas möglich ist, wenn sich die Investitionen dabei nicht finanziell lohnen?

– Ich bin fest davon überzeugt, daß die Welt des einundzwanzigsten Jahrhunderts diese Pflanzen braucht. Wenn es keine Kleinbauern mehr gibt, die dafür sorgen, daß sie weiter existieren können, werden sie ganz von den Feldern verschwinden.

– Vielleicht werden sich die Agro- und die Ernährungsindustrie ja eines Tages für die Sorghumhirse interessieren …

– Sicher, wenn sie eine Abwechslung brauchen und neue Produkte anbieten wollen. Es gibt aber noch einen weiteren guten Grund, warum man sich um diese in Vergessenheit geratenen Pflanzen kümmern sollte. Alle sind heute übereinstimmend der Meinung, daß man die Situation der verarmten Bauern verbessern müsse. Man muß sich wirklich etwas einfallen lassen, damit diese Bauern auf dem Weltmarkt einen angemessenen Preis für ihre Produkte bekommen. Denn das ist die einzige Möglichkeit, wie man die Landflucht stoppen kann, die zu einem ständigen Bevölkerungszuwachs in den großen Städten führt, in denen es weder genügend Arbeit noch genügend Wohnraum gibt. Aus der Landmisere wird eine Großstadtmisere. Zur Zeit läßt man es noch zu, daß in den Städten immer mehr Elendsviertel entstehen, weil man die hungernde Landbevölkerung im Stich läßt. Man muß begreifen, daß die pflanzlichen Waisen zu menschlichen Waisen führen. Die Geschichte der Pflanzen ist gleichzeitig auch die Geschichte der Menschen.

2. Szene: Die Pflanzen im einundzwanzigsten Jahrhundert

Der Botaniker und der Agronom haben sich mit dem alten Wüstenreisenden getroffen und sitzen nun zwischen Büchern, Fossilien, seltenen Steinen und getrockneten Pflanzen, die er von seiner letzten Reise mitgebracht hat, um über die Zukunft zu reden. Zwischen Verstädterung und Versteppung, Artensterben und Genmanipulation scheint die Zukunft der Pflanzenwelt düster auszusehen. Aber die Natur verfügt noch immer über Reserven – zum Glück, denn das Leben der Pflanzen ist auch unser Leben.

WERDEN UND VERGEHEN

– *Wir haben gerade die abenteuerliche Geschichte der Pflanzenwelt von der Blaualge bis zum transgenen Mais kennengelernt. Lassen sich die gegenwärtigen Tendenzen hochrechnen? Kann man sagen, was mit den Pflanzen im Laufe unseres eben begonnenen Jahrhunderts geschehen wird?*

– THÉODORE MONOD: Ich frage mich manchmal, ob nicht alle diese Arten von Lebewesen, einschließlich der Menschen, dazu bestimmt sind, wie Einzelwesen nur eine begrenzte Zeit lang zu existieren. Sie hätten dann ein Anrecht, wenn ich das einmal so sagen darf, auf eine bestimmte Anzahl von Jahren…

– *Wie die Dinosaurier?*

– THÉODORE MONOD: Ja. Als ihre Zeit abgelaufen war, sind sie abgetreten. Es gab auch große Pflanzensterben. Zum Beispiel während des Perms, gegen Ende des Erdaltertums.

– *Es handelt sich trotz allem aber um sehr seltene Perioden, die die Merkmale einer unerwarteten Katastrophe trugen. Aber wie ist die Situation heute?*

– JEAN-MARIE PELT: Man muß wissen, daß in der freien Natur das Aussterben bedeutend schneller geht als die Entstehung neuer Arten.

– *Entstehen denn auch heute noch neue Arten?*

– JEAN-MARIE PELT: Zweifellos, aber es gibt in jüngster Zeit nur wenige Fälle. Der am besten erforschte ist der von *Spartina townsendii,* dem Schlickgras, das beispielsweise im Wattenmeer wächst. Es ist zu Beginn des Jahrhunderts an der Atlantikküste aufgetaucht. Dieses Gras ist das Ergebnis einer spontanen Kreuzung zweier anderer Arten, bei der sich dann die Chromosomenzahl verdoppelt hat. Es erwies sich als bedeutend konkurrenzfähiger als seine Elternarten und eroberte sich sehr schnell einen Platz an der Sonne. Dieses Beispiel wird immer wieder zitiert, weil man seine Geschichte genau kennt. Aber es gibt sicherlich noch andere neue Arten, die man bisher nur noch nicht entdeckt hat.

– *Und sie sind sicher nicht zahlreich genug, um die Landschaft zu verändern.*

– JEAN-MARIE PELT: Dazu bedürfte es Tausender Arten, und es würde Hunderte von Millionen Jahren dauern … Oder es müßte zu einer entscheidenden Klimaveränderung kommen. Dann würde sich eine neue Verteilung der Vegetationszonen ergeben. Aber vielleicht bereitet sich so etwas schon vor, denn man erzählt uns doch jedes Jahr, daß dieses Jahr wärmer sei als das vorige ...

– *Sind das wirklich signifikante Änderungen? Die Klimazyklen bemessen sich doch in Jahrhunderten, ja sogar in Jahrtausenden.*

– MARCEL MAZOYER: Immerhin konnte man feststellen, daß sich die Temperaturen im Laufe der letzten hundert Jahre erhöht haben.

– JEAN-MARIE PELT: Außerdem läßt sich das leicht erklären: Das Öl, das Gas und die Kohle haben hundert Millionen Jahre gebraucht, um sich zu bilden. Sie sind das Ergebnis von pflanzlicher Aktivität – durch die Photosynthese wurde Kohlendioxid gebunden – und von geologischen Bedingungen, die es möglich machten, diese Materie in fossiler Form zu speichern. Zur Zeit sind wir dabei, das gesamte Kohlendioxid wieder freizusetzen und in die Atmosphäre zu blasen. Und das in nur drei bis vier Jahrhunderten, einer äußerst kurzen Zeit.

– MARCEL MAZOYER: Wir kehren damit zur Situation am Anfang des Karbons zurück.

– *Das bedeutet, daß wir uns auf eine jener extremen Veränderungen zubewegen, die eine drastische Verringerung der Artenzahl zur Folge hat?*

– JEAN-MARIE PELT: Momentan wirken sich zwei Phänomene gleichzeitig aus: Die sehr intensiven Aktivitäten des Menschen und die Klimaerwärmung. Sicher ist nur eines, heutzutage verschwinden weitaus mehr Arten als neue entstehen. Die Bilanz ist also absolut negativ. Und das wünscht man sich natürlich überhaupt nicht, denn man möchte schließlich die Vielfalt des Lebens erhalten. Trotzdem werden wir weiterhin immer mehr Arten verlieren, denn der Prozeß schreitet weiter fort.

– *Wenigstens spricht man inzwischen darüber.*

– JEAN-MARIE PELT: Ja, das ist wichtig: Es gibt inzwischen so etwas wie ein schlechtes Gewissen.

DER WALD WEICHT DEN FELDERN

– MARCEL MAZOYER: Man muß die Situation nicht dramatisieren: Der Wald bedeckt weltweit noch etwa 26 Prozent des Festlandes. Das sind 14 Millionen Quadratkilometer in den hochentwickelten Ländern und 17 Millionen in der dritten Welt. Hinzu kommen noch 16 Millionen Quadratkilometer, die mehr oder weniger bewaldet sind. Das wäre also eigentlich noch keine Katastrophe, wenn der Wald nicht in den Entwicklungsländern pro Jahr um 150000 Quadratkilometer zurückginge, was etwa der dreieinhalbfachen Fläche der Schweiz entspricht; das jedenfalls sind die Zahlen der FAO.

– *Besteht die Gefahr, daß sich dadurch die Ausbreitung der Wüsten beschleunigt?*

– THÉODORE MONOD: Die Wüsten sind eigentlich das Ergebnis von Luftmassenzirkulationen um den Planeten herum. Aber es ist auch klar, daß der Mensch die Situation oft durch sein gedankenloses Verhalten verschlimmert. Er läßt zum Beispiel in gefährdeten Gebieten, wie in der Sahelzone, zu viele Tiere weiden. Dort gibt es bereits jetzt zu viel Vieh. Und Menschen. Die Sahelzone ist jedoch keine Wüste, es regnet hier jedes Jahr. Aber die Kombination von Gewehren und Überweidung wird zur Folge haben, daß es dort eines Tages nur noch Fliegen und ein paar Eidechsen geben wird. Dieses Problem hat die Sahara nicht mehr, denn hier leben immer weniger Menschen …

– *Und die Kulturpflanzen? Wie sieht deren nächste Zukunft aus?*

– MARCEL MAZOYER: Es ist sicher, daß sich die landwirtschaftliche Nutzfläche von heute etwa 14,5 Millionen Quadratkilometern weiterhin erheblich ausdehnen wird. Man geht davon aus, daß theoretisch noch eine Reserve an nutzbarer Fläche von 18 Millionen Quadratkilometern vorhanden ist, und zwar hauptsächlich in Afrika und in Mittel- und Südamerika. Aber diese Zahl schließt Wälder, Parks usw. ein. Tatsächlich kann man mit Sicherheit noch etwa 30 Prozent zusätzlicher Anbaufläche für die Landwirtschaft dazugewinnen.

– JEAN-MARIE PELT: Sind Sie da so sicher? Ich glaube im Gegenteil, daß die nutzbare Fläche zurückgehen wird.

– MARCEL MAZOYER: Richtig, für Europa trifft das zu, denn hier zeigt die Landwirtschaft die Tendenz, sich immer mehr auf die Böden zu konzentrieren, die am fruchtbarsten und am leichtesten maschinell zu bearbeiten sind. Seit einem Jahrhundert hat man zig Millionen Hektar Land aufgegeben, das Brachland geworden ist oder aufgeforstet wurde. Im Norden Kanadas, in Rußland und in der dritten Welt ist die Situation umgekehrt. Dort beruht die Steigerung der Produktion auch auf der Vereinnahmung ehemaliger Wald-, Savannen- oder Sumpfgebiete durch die Landwirtschaft.

– Handelt es sich denn dabei um dauerhafte Veränderungen?

– MARCEL MAZOYER: Soweit es die afrikanischen und madegassischen Reisfelder betrifft, ja. Die wandernde Brandrodewirtschaft in den Tropenwäldern führt dagegen zur Entstehung von Savannen.

FÜR EIN PAAR DOLLAR MEHR

– Auch die Landflucht und die Ausdehnung der Städte haben ein Verschwinden der Felder und Wälder zur Folge. Aber könnte man sich nicht andererseits vorstellen, daß die Pflanzen durch die Konzentration der Menschen in den Städten ein bißchen mehr Platz bekommen?

– JEAN-MARIE PELT: Ja, die Verstädterung wird weitergehen, und man kann sich vorstellen, daß die Gebiete, die nicht mehr bewirtschaftet werden, wieder verwildern. Aber das trifft nicht in allen Ländern zu.

– MARCEL MAZOYER: Man muß aber auch sehen, daß die Entvölkerung der ländlichen Gebiete einen umgekehrten Effekt haben kann. Sie kann zu einem verstärkten Rückgang der wilden Flächen zugunsten von Standardkulturen mit geringem Bearbeitungsaufwand führen. Das war in den hochentwickelten Ländern die Tendenz des zwanzigsten Jahrhunderts. Es ist jedoch klar, daß so etwas nicht ewig funktionieren kann. Wenn Konkurrenzkampf das einzige Prinzip ist, kann das zu Zerstörungen führen, die nicht wieder rückgängig zu machen sind.

– JEAN-MARIE PELT: Absolut richtig. Eine Gesellschaft, die sich weitgehend am Profit orientiert, so wie es in unserem gegenwärtigen Ultraliberalismus der Fall ist, kann meiner Meinung nach nicht auf Dauer überleben. Es besteht die Gefahr, daß das System plötzlich genauso brutal zusammenbricht, wie das beim Kommunismus der Fall war.

– MARCEL MAZOYER: Es werden zu viele Fehler gemacht. So zum Beispiel am Amazonas mit seinem immensen Pflanzenreichtum, wo man alles brandgerodet hat, nur um Pampa, also Weideland, zu gewinnen, wobei dort drei Hektar gerade einmal ein Rind ernähren. Das ist so gut wie nichts! Was die gentechnisch veränderten Organismen anbetrifft, die man einführen möchte, so sind das sicher ertragreiche neue Pflanzen, doch sie können auch gefährlich sein: Einige Leute werden hier und heute an ihnen verdienen, andere werden morgen die Zeche zahlen müssen.

– *Gibt es eine Lösung?*

– MARCEL MAZOYER: Man müßte völlig unabhängige internationale Institutionen schaffen, die für die Kontrolle und Bewertung zuständig wären.

– *Ist das Mißtrauen der Öffentlichkeit gegenüber den Pflanzen mit manipulierten Erbanlagen nicht ein wenig irrational?*

– MARCEL MAZOYER: Wenn diese Leute beunruhigt sind, weil die Wissenschaft versucht, Lebensformen nach ihrer eigenen Vorstellung zu schaffen, reagieren sie – ob sie nun an Gott glauben oder nicht – aus Ehrfurcht vor der Schöpfung, vor dem, was die Evolution in drei Milliarden Jahren nach der Entstehung der Blaualgen geschaffen hat. Warum haben sie Vertrauen zu diesem Erbe? Weil es das Ergebnis vieler Versuche ist, vieler Irrtümer, einer phantastischen Auslese, und weil es funktioniert. Sie wissen genau, daß es immer wieder Rückschläge, Erbkrankheiten und ähnliches gegeben hat. Aber die Menschen sind nicht davon überzeugt, daß diejenigen, die es jetzt mit der Genmanipulation so eilig haben, etwas Besseres finden werden. Dieser Glaube an die Natur, über die sich manche auf arrogante Weise lustig machen, ist nichts anderes als gesunder Menschenverstand. Es ist die Ehrfurcht vor dem Leben.

DAS WESEN DER PFLANZEN

– Es stimmt, daß die Öffentlichkeit sehr heftig auf Genmanipulationen reagiert, wenn es sich um eßbare Pflanzen handelt, jedoch bedeutend weniger heftig, wenn es um Tiere, Pflanzen oder Bakterien geht, aus denen neue Medikamente gewonnen werden.

– MARCEL MAZOYER: Wohl deshalb, weil die Nahrungsmittel bereits existieren. Wenn man fremde Gene in eine Nahrungspflanze einführt und damit etwas Bewährtes durch etwas Riskantes ersetzt, geht es ja nicht ums Überleben. Im Falle der Medizin ist es umgekehrt: Man versucht, ein Übel zu beseitigen. Und Medikamente waren schon immer Gifte.

– Sprichwörtlich »ist man, was man ißt«. Wenn ich einen Löwen esse, bin ich stark wie ein Löwe. Wenn ich Vegetarier bin, bin ich ein friedliebender Mensch. Wenn ich manipulierte Pflanzen esse, bin ich selbst manipuliert …

– MARCEL MAZOYER: Wir leben nun einmal von den Pflanzen. Wir leben von ihrem Leben. Und wenn die Leute dagegen sind, daß man mit diesem Leben macht, was man will, so ist das eine ernstzunehmende Position. Wenn sie kein genverändertes Soja essen wollen, hat niemand das Recht, sie dazu zu zwingen und ihnen den Inhalt der Produkte zu verschweigen, die er ihnen verkauft. Die Hindus essen gar kein Fleisch, die Juden und Muslime kein Schweinefleisch ... und die Dänen keine Makrelen, weil diese Fische die Leichen der ertrunkenen Seeleute fressen. Das ist einfach ihr gutes Recht. Das muß jeder respektieren.

– Manche Biologen stellen eine provozierende Frage: Brauchen wir überhaupt die unberührte Natur?

– THÉODORE MONOD: Diese Frage erscheint mir absurd: Man muß die Welt der Pflanzen lieben. Glücklicherweise ist es nicht so leicht, die Natur verschwinden zu lassen. Es ist sogar völlig unmöglich.

– JEAN-MARIE PELT: Ja, ich glaube, das ist reichlich utopisch.

– Aber man findet heutzutage auf dem Markt Tomaten, die auf Glaswolle gewachsen, in ölbeheizten Plastiktunneln gereift und ausschließlich mit Kunstdünger gedüngt worden sind ...

– JEAN-MARIE PELT: Ja, aber sie sind von einer richtigen Tomate so weit entfernt wie der Zichorienkaffee im Krieg von echtem Bohnenkaffee.

– Aber man kann sich von solchem Gemüse ernähren. Tatsächlich brauchen wir die Wildpflanzen doch nur zur Sauerstoffproduktion.

– JEAN-MARIE PELT: Selbst darauf könnte man noch verzichten, denn die Pflanzen haben einen enormen Vorrat davon geschaffen. Selbst wenn sie alle morgen verschwänden, würden wir übermorgen noch nicht ersticken. Bevor wir an Sauerstoffmangel eingehen würden, hätte uns längst der Treibhauseffekt gegrillt... Doch man kann die Natur nicht zu sehr einengen, ohne gleichzeitig ein gewaltiges Risiko einzugehen. Die Artenvielfalt ist für das Leben unverzichtbar.

– Der überwiegende Teil der großen Wildtiere ist jedoch schon verschwunden. Oder, was aufs gleiche hinausläuft, sie leben in Reservaten, die nichts anderes sind als Genbanken...

– JEAN-MARIE PELT: Dieser schreckliche Vereinfachungsprozeß stellt einen großen Verlust für die Artenvielfalt dar.

– THÉODORE MONOD: Um die Pflanzenwelt auszurotten, müßte man auch die Meeresflora zerstören. Nein, ich bin nicht beunruhigt: Die Pflanzen haben ein zähes Leben. Ich finde in der Wüste immer wieder Arten, bei denen man sich fragt, wie sie dort überhaupt überleben können.

DIE LANDWIRTSCHAFT DER ZUKUNFT

– MARCEL MAZOYER: Nicht alles an der gegenwärtigen Entwicklung ist negativ. Neben der Mechanisierung und der Intensivierung der Monokulturen, die charakteristisch für das zwanzigste Jahrhundert waren, zeichnet sich die Entwicklung eines neuen, zukunftsträchtigen Modells der Landwirtschaft ab. Diese Entwicklung kann man in wenig mechanisierten Gebieten mit einer hohen Bevölkerungsdichte beobachten. Man findet sie in den mehrarmigen Flußdeltas Asiens, in bestimmten Regionen des Niltals und in geringerem Maße auf Haiti und in Afrika im Gebiet der großen Seen.

– *Und wie sieht diese neue Landwirtschaft aus?*

– MARCEL MAZOYER: Es handelt sich dabei um sehr komplexe Systeme, um Mischkulturen mit einem stockwerkartigen Aufbau, der an die Oasen erinnert ... Man findet dort zum Beispiel Zuckerpalmen, unter denen Obstbäume wachsen; noch eine Etage tiefer wird Gemüse auf den Aufschüttungen um die Reisfelder herum angepflanzt ... Und mitunter kombiniert man das Ganze sogar noch mit Krabbenzucht. Ein solches System produziert eine große Menge Biomasse, ist sehr fruchtbar und funktioniert ein wenig wie ein Wald. Diese Kultur-Ökosysteme unterscheiden sich im Einzelfall stark voneinander, aber alle erzeugen vielfältige Nahrungsmittel von hoher Qualität, und sie erfordern viel Handarbeit.

– *Und Sie glauben wirklich, das könnte ein Modell für die Landwirtschaft der Zukunft sein?*

– MARCEL MAZOYER: Wenn sich die Tendenzen des zwanzigsten Jahrhunderts fortsetzen, wird man in eine Sackgasse geraten. Menschen und Pflanzen müssen aus diesem Grund eine neue Art des Zusammenlebens finden. Ich bin deshalb überzeugt, daß die Landwirtschaft der Zukunft aus einer Synthese bestehen wird: Man wird die modernen Hilfsmittel, die wir bereits jetzt einsetzen und diejenigen, die wir noch erfinden werden, mit der menschlichen Arbeitskraft kombinieren, die in den bevölkerungsreichsten Ländern der Welt im Überfluß vorhanden ist.

– Dadurch entstünde ein großer Markt, der zum Schutz der Natur beitragen würde.

– JEAN-MARIE PELT: Vielleicht. Zu Beginn dieses Jahrtausends findet man zwei markante Pole – die Spitzentechnologie und die Natur. Die Frage ist: Wie kann man erreichen, daß beide fruchtbar zusammenwirken?

– THÉODORE MONOD: Es wäre auch gut, wenn wir beobachten könnten, wie mehr neue Arten entstehen. Am wichtigsten ist aber, daß wir all denen, die bereits existieren, mit Respekt begegnen. Die westliche Sahara, wo ich arbeite, umfaßt ein immenses Gebiet: tausend Kilometer lang und fünfhundert Kilometer breit. Man hat dort lediglich sieben Blütenpflanzen entdeckt, weniger als im Norden Grönlands. Diese Pflanzen sind kostbar, man muß sie einfach wertschätzen.

– JEAN-MARIE PELT: Ich bin zuversichtlich: Das Leben hat mehr als nur ein As im Ärmel. Betrachten wir nur einmal, in welchem Maße in den hochentwickelten Ländern das Interesse an Gartenarbeit wieder zugenommen hat. Das ist ein sehr wichtiger kultureller Faktor. In manchen psychiatrischen Kliniken gibt es sogar schon therapeutische Gärten. Die Sehnsucht des Menschen nach der Natur ist so groß, daß ein Garten helfen kann, seine Seele zu heilen. Und die Art und Weise, wie Kinder spontan von der Natur angezogen werden, zeigt auch, daß dies in unseren Genen verankert ist. Die Existenz der Pflanzen und die der Menschen sind nur zwei Aspekte ein und derselben Sache: des Lebens.

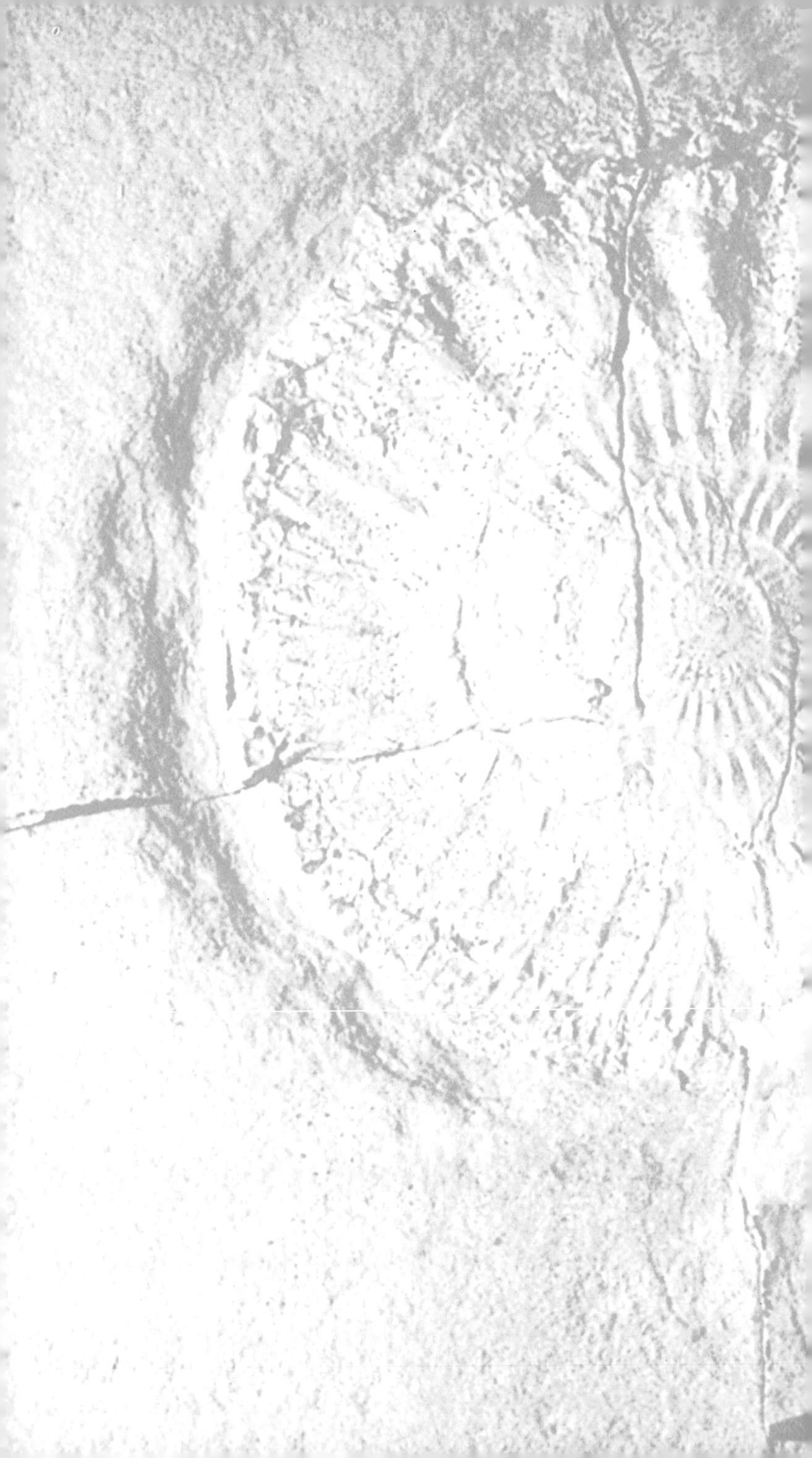